大是文化

大是文化

大是文化

大是文化

大是文化

讓90%大客戶都點頭的B2B簡報聖經

B2B權威、業務行銷專家
吳育宏◎著

B2B業務隨時都要能做簡報。
你如何讓時間排滿滿的決策者，
興趣盎然的聽完？

能力，
高級主管的階梯

所以 **B2B 簡報的與會對象，不是專業人士就是大老闆。關鍵是，你如何讓時間排滿滿的決策者，聽你 3 分鐘，乃至於興趣盎然聽到最後？**

B2B
大。
多。
緊密而長久。
雙向（雙方須多次討論、交涉）。
大老闆、高階主管、專業人士。
締結合作關係（長久）。
為對方整合產品介紹外的重要資訊（如：市場分析、競品調查等）。
我方的商品或服務能為對方帶來多少價值。

簡報力就是溝通是領高薪、晉升

相較於 B2C——企業對個人的銷售行為，像賣汽車、賣保險、專櫃小姐，B2B 是企業對企業的銷售，客戶規模大、單筆成交金額高（獎金多）。

	B2C
客戶規模	小。
單筆成交金額	少。
買賣雙方建立關係後	疏離而短暫。
買賣雙方的互動模式	單向（賣方積極說明）。
簡報對象	一般人。
簡報目的	說服對方購買（一次性的）。
簡報內容	介紹產品或服務的優點。
簡報重點	產品內容、價格。

CONTENTS

第三章 越專業的報告越該大白話，不妨編個故事 101

CONTENTS

第五章 嚴肅場合，靠眼神、肢體動作注入人味 181

CONTENTS

推薦序一

不管科技如何進步，人際互動的最後一哩路，還是得透過「人」來完成

復盛公司董事長／李亮箴

網際網路和資訊科技大幅改變人們的生活方式，乍看之下，傳遞訊息的工具變得更多元、更有效率，但是最傳統的面對面溝通，重要性從來沒有降低。因為不管科技如何進步，人際互動最重要的最後一哩路，還是得透過「人」來完成。

正如本書所說的，一般人以為簡報的場合，就只能在會議室裡進行。實際上，在商場上無時無刻都是簡報的機會。營業人員對客戶做簡報，必須把產品特點闡述清楚，才能爭取到客戶的認同與支持；主管對內部同仁做簡報，需要了解不同對象的職

責與優缺點，才有辦法達到激勵、指導或是跨部門協調的作用；而經營團隊面對員工、股東與投資人做簡報，則要清楚傳達企業經營的願景、使命與方向，進而達到凝聚共識、強化信心的目的。

這個溝通的「最後一哩路」，表面上看到的是講者的表達技巧，實際上也是一個人態度、價值觀和處事風格的呈現。沒有腳踏實地的付出，華麗的簡報技巧反而顯得突兀；相反的，就像做料理一樣，若是有扎實、豐富的食材（內容），簡單的調味料也能做出大受好評的佳餚。

在 Oscar 的這本著作裡，有不少值得參考的觀念與方法，看似在琢磨簡報技巧，其實也是一種內在的自我檢視與修練。為了做好簡報，我們必須學習易位思考、觀察傾聽，同時也要身體力行、表裡如一。如同企業的經營一樣，優質形象與品牌背後最重要的支柱，是一步一腳印累積出來的底蘊。以此與讀者共勉，並推薦此書。

推薦序二

資訊唾手可得，溝通能力更要隨之進化

春保森拉天時集團執行長／**黃彬基**

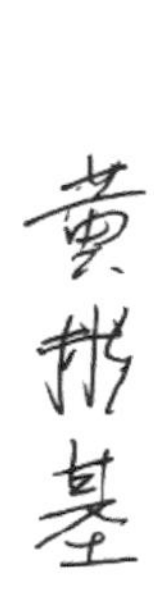

多年前，我們集團第一次邀請 Oscar 到內部演講，他的分享帶給同仁許多想法和做法的啟發。爾後幾年，我們透過不同形式的交流，總是獲益良多。

他闡述的理念多與第一線的行銷業務相關，但是我們反而多次邀請後勤部門的主管參與，因為把想法成功的銷售出去，不僅對外部的業務拓展很重要，對內部的溝通協調、跨部門合作，也非常需要這樣的能力。

在這個分秒必爭的時代，商務簡報變得越來越重要，挑戰卻也越來越嚴苛。數量龐大的資料和報告，已經先消耗掉人們許多的注意力。當我們在會議室內聆聽簡報時，總是希望能在最短時間內聽到重點。

偏偏在科技突飛猛進的今天，人與人之間的溝通技巧反而變薄弱了。於是在商務簡報的實際情境，經常看到枯燥乏味或者文不對題的表達，它們都可以被歸類為無效的溝通。如果沒有從旁觀、客觀的角度提醒，一個人的簡報和表達能力，就可能原地踏步。

如今他把自身的演講授課經驗彙集成冊，具系統性、有邏輯的說明，上臺簡報要注意的心法與方法，內容豐富扎實。透過實際的案例與細心的觀察，他引領讀者發掘簡報的好與壞，都藏在一點一滴的細節之中。

我推薦此書給準備上臺簡報的商務人士，即使是不需要經常拿麥克風的職場工作者，也能經由學習簡報技巧的過程，提升自己的思考品質與溝通能力，進而讓個人的競爭力升級。

推薦序三

業務力，就是簡報力

所羅門股份有限公司榮譽董事長／陳健三

在新科技的推波助瀾下，世界與市場的環境變化得越來越快，「銷售」在商業活動的重要性不斷提高。早期我們創業的年代，市場以貿易為主要型態，買賣雙方利用「資訊不對稱」的鴻溝，創造出可觀的價差空間，勤勞的業務人員只要肯花時間、下工夫開發更多潛在客戶，往往可以獲得可觀的報酬與成就。

爾後當產品開始朝差異化、分眾化發展及資訊透明化，業務人員凸顯優勢、陳述賣點的能力就變得非常重要。因為多數客戶在短短的幾分鐘內，耐性和注意力就大幅下滑，業務人員必須找到正確的切入點（開場白），同時在對話過程不斷對焦與修正，並做到「傾聽客戶心聲」、不是只講自己想講的。否則，就很難抓住客戶的耳朵、目光和心思。

這種與客戶對話、為公司創造價值的能力，廣義來說叫做溝通技巧，狹義而言是一個人的簡報技巧。演講和簡報看似簡單，其實一點也不簡單，因為報告時的破題、聆聽、觀察、互動等各種技巧的成果，都可以在簡報過程一覽無遺。能進行成功的簡報，絕不只是一個人有好口才而已，包括專業知識、思考邏輯，甚至是教練能力、影響他人的能力，都是重要的環節。

吳育宏先生在這本《讓90%大客戶都點頭的B2B簡報聖經》中，以各種淺顯易懂的案例和故事說明簡報技巧，他的論點精準、觀察入微，更重要的是，書中講述的都是立即可用、非常務實的方法。閱讀此書，不僅可以抓到簡報技巧的重點何在，還能從書中的脈絡，推敲技巧背後的思維是什麼，我相信對所有商務人士都能有所助益。

各方推薦

無論是否需要經常上臺簡報，閱讀此書都可以獲得許多有效表達、精進溝通的方法，它可以說是職場與商場的必修學分。

——德式馬企業股份有限公司總經理／**黃重儒**

做好商務簡報的關鍵要素，除了腦袋中的專業知識外，還包括：邏輯、結構、表達、心態，在這本書中都可以找到答案。

——毅太企業股份有限公司董事長／**洪團樟**

很榮幸有機會讀到育宏學長的《讓90％大客戶都點頭的B2B簡報聖經》，從書中我看到了很多，大企業在對客戶做提案、簡報時都會犯的錯。而這些錯誤的概念都不好教，光一句話：「不要用專有名詞來說服客戶。」就是很多B2B業務難以修正的習慣。

好在，在書中不僅提到這一點，更如同其他章節一樣，有他自己在B2B事業中，親身經歷的故事當作例子，讓年輕的業務可以清晰的了解，「我們要說明的是效益，而不是只有專有名詞」。因為越專業的知識說起來越枯燥，但是與客戶相關的效益與影響，卻是每個人都聽得懂，而且可以感同身受。

在這本書中，也提供很多獨到卻真實的觀點，像是很多簡報書，會向大家灌輸「上了講臺主角就是自己」的概念，但真實的世界中，真正的主角永遠都是「聽眾」，尤其是B2B的世界。此外，書中也提供了很多在上臺前，可以釐清自己提案價值與策略的關鍵提問，例如「我的簡報可以為合作夥伴，帶來哪些新的想法與做法？為他的公司營運帶來哪些改變？」、「在眾多的競爭者提案中，我的提案有何獨到之處？」這些問題都可以從根本提升，簡報者的商業思維，與營運思考的高度。

就如同學長的上一本著作《90％高級主管出身業務，B2B聖經》，有著豐富與踏實的經驗分享，這一本我一樣推薦！因為我相信，改變思維才有機會改變行為，改變行為才有機會改變自己的路。相信年輕的B2B業務，都可以從這本書中學到豐富與正確的經驗，讓自己在職涯發展上，少走幾年冤枉路！

——簡報實驗室創辦人／孫治華

這世界很多的道理之所以難被傳播或是實踐，通常是因為具有兩個特質：簡單到難以置信，以及違背直覺到沒人相信。人們聽到這些道理總是不屑一顧，更不會採取任何行動，結果也就不會改變。

說穿了，那些成功的人其實也沒有那麼聰明，他們往往只是實踐了那些，人人都說得出口的大道理。反而是那些常被傳播、所謂「好的」簡報技巧，到了B2B的商業場合，未必能讓你達成商業目的。

吳育宏老師在本書中，提到許多經典又實際的觀念與方法，一開始讀可能會讓人覺得違背直覺，比方說：「越嚴肅的話題越該大白話」，但只要咀嚼實踐後，你一定會發現簡報成效提升了、客戶聽懂了、老闆買單了！作者的實務經驗，為書中提到的道理和技術，做了最好的保證。我相信，這是一本可立即提升溝通成效的好書。

——簡報小聚共同發起人／**林大班**

作者序

從細節中看出差異，從差異中學習成長

我印象最深刻的B2B簡報，出現在第一份工作時。

當時我是影印機業務員，某次接到一通電話，對方因為公司傳真機經常卡紙，想要另找廠商前去查看，並提供新報價。由於傳真機不算高單價產品，原供應商無心再提供服務、早就聯絡不上，這才給了我新機會。

拜訪客戶之後，我發現客戶對價格斤斤計較，原本預算就不高，才會選擇沒品牌、無後續服務的小廠商。一看到我的提案價格更高，客戶頻頻搖頭，儘管我一再強調產品優勢，仍改變不了對方心意。沒有意外，這是一場不成功的提案。

回到公司後，我把未能成交這件事，歸因於「我們的訂價太高」，以及「這家客戶不看重價值」。儘管主管提醒我向客戶簡報的過程中，有很多細微的技巧：包括從客戶意見去判斷對方的心理狀態（屬於價格導向、功能導向或服務導向）、選擇對我方有利的角度呈現產品特色。例如，面對「價格導向」的客戶，訴求成本效益；面對

「功能導向」的客戶，強調產品差異；面對「服務導向」的客戶，著重在拉近彼此的關係等。但我當時的理解非常有限，固執的認為不是自己的問題。直到主管陪我再跑一趟，並親自向客戶做簡報，才讓我徹底改觀。

因為就在這短短一小時的簡報後，客戶改變了對服務價值的認知，不再以價格為唯一考量。不僅如此，還從原本的傳真機問題，衍生出對影印機、印表機的需求。讓我震撼的是，主管拿的是跟我一模一樣的型錄，也沒有給客戶更低價格，但是他的簡報所獲得的效果，卻跟我天差地別。

這一幕，對我往後的幫助很大。它時時提醒我，當遇到困難時要檢討自己，而不是怪罪外部環境。更重要的是，我深刻體會到簡報技巧是門大學問。

過去我在行銷業務、企業營運、管理諮詢等工作經驗中，累積了許多和簡報、演講相關的心得。有一些當年看似微不足道的小事，當我回顧時卻發現，它們是一點也不簡單的大事。像是開場的前三分鐘，有沒有和對的人、以對的方式互動，或是在關鍵論述時，是否使用精準的用字遣詞、引用恰當的案例或比喻，這些點點滴滴的細節，就決定了簡報的好與壞。

如果我們看懂細節，就知道如何進步，就有辦法一步步提升自己。若看不到細節，就會把溝通失敗的原因，歸咎於聽眾、競爭者、市場環境等外部因素，落得原地踏步卻不自知。

商務簡報和一般在學校、社團裡面做簡報最大的不同，就在於「結果導向」。要在分秒必爭的商場和職場扮演有價值的角色，最重要的是隨時思考「目標」是什麼。公司經營有每月、每季、每年的長期目標，會議和簡報也有當下的短期目標，像是強化信心、化解衝突、扭轉誤解、提高信任等。

如果我們很清楚目標是什麼，才有可能朝對的方向前進。所以從簡報過程，不僅看得到講者的溝通能力，還能評斷一個人「目標管理」的能力，你說它是不是一門有趣又學無止境的學問呢？

讓我們共同勉勵，從細節中看出差異，從差異中學習成長。

第一章

B2B 簡報與一般簡報有什麼不同？

1 B2B簡報，是為了促成交易

在商業世界裡，做簡報是為了「促成交易」，不管你是買方還是賣方，搞清楚最終目標非常重要。很多時候B2B簡報是在「非正式」情境下進行，沒有「正式來」這回事。

B2B指的是企業和企業之間的商業行為，因此B2B簡報和一般簡報最大的不同，就是簡報的目的。在學校或社團裡做簡報，「有趣」、「吸睛」都是頗受歡迎的風格。但是在商業世界，進行簡報大多是為了「促成交易」，不管你的身分是買方還是賣方，搞清楚簡報的最終目標非常重要。

在英國著名的童話故事《愛麗絲夢遊仙境》裡，女主角愛麗絲遇到了一隻會說話的貓。

愛麗絲問這隻貓：「我現在應該走哪條路呢？」
貓說：「那要看妳想去哪裡啊。」
愛麗絲回答：「去哪裡都無所謂。」
貓：「那麼妳走哪條路，也都無所謂了。」

先問：對象是誰、目的是什麼？

每當有人問我，該怎麼把簡報做好，我就會像《愛麗絲夢遊仙境》裡的貓，總是問一個基本問題：「你的主要目的是什麼？」不要小看這個理所當然的問題，有太多人在準備簡報的過程，被自己過度緊張或興奮的情緒影響，反而忽略了B2B簡報最重要的商務目的。是取得訂單嗎？還是加強對方的信任感？抑或是展現我方的專業能力？只有把簡報內容集中在一到兩個焦點（目的），才不至於亂槍打鳥、流於形式。

另外，B2B簡報的對象也有所不同。**B2B的商業決策是「群體決策」**，坐在臺下聆聽的利益關係人（stakeholder），可能會有產品使用者、採購人員、技術支援人員或高層決策者，**他們各自關心的重點不同**，講者必須先釐清到場的聽眾會有哪些人，把他們的背景和特定考量了解清楚。

舉例來說，同樣是介紹產品，聽眾是來自於客戶公司的哪一個部門，簡報著墨的重點就不一樣。向客戶的決策高層做簡報，就要少談一些規格，多談一些商業合作的效益；當聽眾是採購人員就可以多強調，我方在交易流程的便利和售後服務的用心；至於面對客戶的技術人員時，切忌過度吹捧我方技術的優勢，因為這麼做可能會間接貶低別人，應該強調我們在團隊合作上的經驗，好讓客戶相信，眼前是一個值得信賴的好夥伴。

會議室裡的才算報告？口頭簡報更影響成交

至於B2B簡報的場合和一般簡報比較起來，是不是比較正式呢？我認為剛好相反。在學校或社團做簡報，可能有正式的規則、時間規範等，但是在商場上，更多時候是在「非正式」的情境進行。

鴻海集團的創辦人郭台銘，是出了名的「超級業務員」，業界流傳著一個關於他搶訂單的真實故事。某家代工廠的高階主管，為了爭取國外客戶的訂單，查詢到客戶航班資訊後，決定直接到機場迎接客戶。想不到他在機場看到，另一家代工大廠廣達公司的董事長林百里，以比他們的公司還大的陣仗，親自帶一群高階主管去迎接客

圖表 1-1　**B2B 簡報與一般簡報的比較**

比較項目	B2B 簡報	一般簡報
目的	促成交易。	有趣、吸睛。
對象	企業高層、同事、業內人士等。	同學、學生、一般民眾等。
場合	和顧客交談的任何地方，都是簡報的場所。	會議室、大禮堂。
決策者	群體決策者（如：決策高層、主管、大老闆等）。	聽眾本人。
表達重點	傳遞你能創造什麼價值（為客戶整理出重點資訊）。	展示資料（塞入片面訊息）。

戶。飛機抵達後，正當幾家競爭對手都朝接機門一擁而上時，郭台銘竟然和客戶一起從飛機艙門走出來，還一路有說有笑。

在這場激烈的商業競爭中，你說那個最關鍵的B2B簡報，是不是早已在頭等艙裡完成了？

2 一般的簡報展示資料，B2B簡報看重與人互動

就算科技再進步，甚至有機器人代勞，但能促成高附加價值訂單的，還是得靠活生生的人。

「科技即將取代人力」是近年來新聞熱議的論點之一。根據麥肯錫（McKinsey）針對「未來十年將被科技淘汰的職業」所做的相關調查發現，現有的技術能使四五%的工作自動化；六〇%的不同職業中，至少有三〇%的工作，會被機器和現有的技術取代。而這個現象，其實早已存在你我的生活中。從便利商店的例子，就可以看出些端倪。

臺灣的人口只有兩千多萬人，卻有超過一萬家便利商店，密度高居全球第一。在這樣的環境下，許多產業正悄悄發生「寧靜革命」。根據經濟部統計處資料，臺灣

便利商店的營業額，在二〇一七年已超過三千億元，這是靠著銷售貨架上各種民生用品、食物飲料等「本業」，所創造的營業額。

做只有人能做、科技做不到的事

你不知道的是，臺灣人在便利商店繳停車費、罰款、帳單、學雜費等「代收代付」項目，每人每年超過二十筆，累計金額每年高達新臺幣「一兆元」，是便利商店本業獲利的三倍以上。是的，你沒有看錯，就是這個讓多數人看到，都會瞠目結舌的數字。

為什麼說是「寧靜革命」？因為這些交易行為，十年前只能在銀行櫃檯和自動提款機（ATM）進行，如今超商這個龐大的「通路怪獸」，正在一點一滴侵蝕各行各業的市場大餅。不只是銀行業，幾乎與食、衣、住、行、育、樂相關的各種需求，都被整合到超商來。

換句話說，許多傳統的銷售行為和客戶服務，正在被「高效率」的通路和科技取代，連帶的也加速淘汰不具競爭力的業務。

不過，在這項調查中特別提到，**與顧客互動的相關工作，較不容易遭到取代**（見

圖表1-2）。

乍聽之下，傳統的銷售工作越來越少，所以人與人面對面的「溝通技巧」，就變得較不重要了嗎？錯，正因為客戶花更多時間，與手機和電腦的「螢幕」溝通，當他們面對業務和客服人員時，腦袋裡裝著比以往更多的市場情報和專業知識，而且溝通的耐性變得更低。此時，業務如何把握寶貴的機會，做具有角度的簡報和溝通，就顯得無

圖表 1-2 〈未來工作：自動化、就業與生產力〉報告

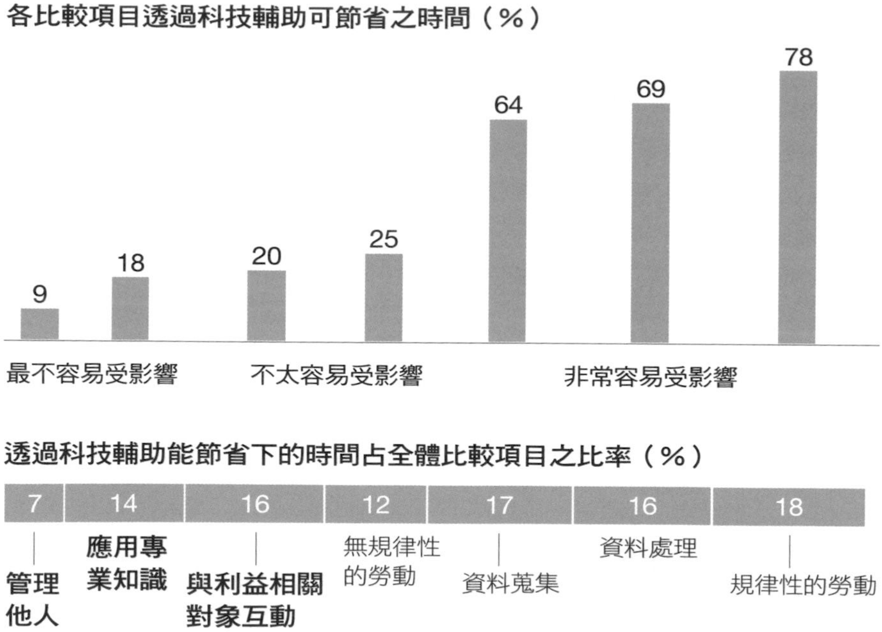
各比較項目透過科技輔助可節省之時間（%）
9
18
20
25
64
69
78
最不容易受影響
不太容易受影響
非常容易受影響
透過科技輔助能節省下的時間占全體比較項目之比率（%）
7
14
16
12
17
16
18
管理他人
應用專業知識
與利益相關對象互動
無規律性的勞動
資料蒐集
資料處理
規律性的勞動

*資料來源：麥肯錫全球研究院（McKinsey Global Institute）。

比重要。畢竟，各種高價值商業行為像是大型合作案、高單價的合約等，還是要靠「人」來完成。

如果輕忽簡報的重要性，你的損失將遠高於想像。

精美簡報能吸引眼球，促成簽約要靠互動

過去因為一個標案，我找了兩家廠商來提案，在正式簡報之前，兩家都先寄了電子檔資料過來。其中一家的提案建議書特別精美，不但圖文並茂，而且內容結構非常完整，我和同事看了都大為讚賞，於是我們優先邀請這家廠商來公司做簡報。

想不到，那家公司的業務員，一開始簡報就暴露出自己的缺點。因為他不熟悉檔案內容，簡報過程頻頻回頭看螢幕，好像檔案不是他準備的。更糟糕的是，當我們對檔案內容提出問題時，他的回答抓不到重點，讓在場的人都有種雞同鴨講的感覺。

會後我和同事一致認為，這家廠商只是善於包裝罷了，因為連簡報都丟三落四，我們怎麼敢預期將來合作之後，對方會是善於解決問題的供應商？這種「虛有其表」的刻板印象一旦形成，之後要扭轉便非常困難。

另一家廠商的業務員來做簡報時，雖然沒有豐富、精美的投影片跟書面資料，但

是他把大部分注意力，都放在跟我們的「互動」。包括每次講解完一頁，他都會稍微停頓、確認我們是否理解。而當我們提問時，他更是全神貫注仔細聆聽，確保完全了解問題後他才思考如何答覆。這種以「聽眾」為主的態度，讓我們覺得備受尊重。兩者反差這麼大，最後，當然是第二家廠商雀屏中選。

拜網路所賜，現在取得資訊的管道越來越多元，客戶在進會議室聽簡報之前，可能早已看過你們公司的網站、產品的電子型錄，甚至也在社群媒體上了解市場評價。當面對面簡報的機會變少、時間變短，因此更該縮減傳遞資訊的時間，多聽取客戶的問題，強調你能如何幫他們解決問題，這是他們上網搜尋不到的資訊。

3 當電腦都能做簡報，為何你仍無可取代？

客戶活在資訊爆量的現代，但他的時間、需求依舊，面對無限資訊、有限時間，他的困擾更多，而你有機會跟他面對面時，還不說些他想聽的嗎？

你可能也有這樣的經驗，在與客戶見面之前，已經寄了很多圖文並茂、歸納詳細的資料給客戶，但是在會議室碰面時，客戶依舊問了一些狀況外的問題，讓你感覺他根本沒看之前寄的資料，這就是真實的狀況。

客戶不一定有時間看我們提供的資訊，看了也不一定全然理解，只有透過面對面的簡報，才能做到雙向的資訊交換，完成溝通的最後一哩路。

既然簡報技巧如此不可取代，那麼多數人上臺做簡報的能力如何呢？恐怕不是很樂觀。

手機產業發展有一個重要的轉捩點，發生在二〇一三年。該年度全球手機出貨量有十八億隻，其中智慧型手機的十億隻占總出貨量的五五％，這是「智慧型手機」（smart phone）銷售量，首度超越「功能型手機」（feature phone）的一年。這個數字正式宣告，大螢幕的手持裝置成為市場主流，資訊如爆炸般湧入我們的日常生活。

根據統計，臺灣人每天看手機的時間有三．二八小時，居全球之冠。低頭「滑」手機，成了不分族群、時間、場合的普遍現象，使「滑世代」這個名詞應運而生。

把自己變成重點筆，而不是播放器

科技發達的確讓人們掌握更多元、更即時的訊息，但是不是也剝奪了我們某些能力？如果是的話，到底什麼能力會因為科技的進化，反而變得退化？我認為「簡報技巧」就是其中之一。

在科技沒有這麼發達的年代，人們會花較多時間在實體社交活動上，如今成立一個線上社團只要幾分鐘的工夫；過去的訊息只有文字和圖形，現在的影音工具則是多到讓人目不暇給。既然科技幫我們做了這麼多「有效率」的溝通，那麼傳統面對面的溝通技巧逐漸退化，也就不足為奇了。

然而，簡報在商場上的重要性，從未因科技發達而弱化。因為客戶平常收到超量的資料，反而被太多無用的資訊淹沒甚至誤導，業務人員透過面對面的機會，幫客戶歸納重點、釐清疑問，就變得更為重要。

臨場應變能力，科技難以取代

幾年前，我的業務團隊要向一家公司的採購主管簡報，會前我們把技術優勢、生產線配置、物流運籌規畫等內容，整理成詳細的書面資料先寄給客戶。簡報前我們的內部演練與討論，都圍繞在成本效益的說明，因為我們知道這個客戶，是一家成本管控非常嚴格的公司。

想不到當天客戶的高階主管臨時出席，因為技術工程師的背景，他反倒是把焦點放在，我們有沒有能力突破關鍵的技術問題。原本設定的議程要立刻調整，而簡報主角也從業務人員，換成我們隨行的研發主管。好在我們應變得宜，當次簡報也獲得客戶的認同，順利爭取到專案合作的機會。

所以，簡報最難但也最有價值的是「臨場應變」，這是科技永遠難以取代的。

4 滿口術語才專業？消化過的資訊幫你拿下大單

他手上拿著一張畫質不良的訂單，氣呼呼的抱怨，卻給了我「說故事」的靈感。

很多人對B2B簡報的印象，就是在大會議室裡坐滿與案子相關的高層幹部。實際上，**所有的商業拜訪，都算是商業簡報的一環**。舉凡陌生開發、定期拜訪客戶等，隨時都有可能對客戶介紹商品以及服務。

當然，專業的從業人員隨身都會帶著型錄，也都接受過專業的訓練，很懂得如何推銷自家的產品，甚至相當精通相關的專業術語，許多資深的業務更喜歡用這些專業術語，展現自己的專業度。然而，真正成功的商業簡報，並不是一股腦兒的把專業知識倒給對方，而是能將專業知識經過消化後，用最簡潔的方式表達，這也是高科技所做不到的。

我出社會後的第一份工作是影印機銷售員，每當客戶需要採購新機或更換舊機時，經常要對客戶做產品簡報。

客戶都知道影印機的主要功能是「影印」，但是對太過細項的其他功能，總是興趣缺缺或一知半解，大家都希望用最簡便的程序完成工作就好。

但是對影印機廠商而言，產品如果沒有「差異化」，就會淪落至價格戰，廝殺到最後沒有利潤讓供應商生存，對客戶和市場發展都不是好事。所以每當有新機種上市，銷售員的任務就是讓客戶了解新功能，以及其所能帶來的好處。

當時我所負責的臺北市中山區，有各種大小公司行號進駐，商業文件影印、列印、傳真的需求量很大，是影印機廠商的兵家必爭之地。可是因為太過競爭，市場上充斥著技術和品質不良的低價廠商。雖然他們的影印機報價很低，但是故障率高，而且影印出來的文件品質參差不齊。抓住這一點，我總是一找到機會，就跟客戶介紹自家影印機的畫質，希望能凸顯差異。

那大概也是我第一次感受到，理想和現實之間竟然有這麼大的差距，怎麼講師在訓練中心說得頭頭是道、銷售人員也非常認同的產品專業知識，卻無法讓大部分的客戶產生興趣？

每當我提到型錄上的專有名詞，像是鏡頭、畫素、影像處理技術等，我可以明顯感受到客戶的注意力就下滑，甚至要求我直接「跳過」。我認為那些專業知識，是客戶相當重視的事，以便他們做出正確的採購決策，可是現實狀況是，我無法有效的將訊息傳到他們的腦袋裡。

原來「說理」跟「說教」是無趣、行不通的，這無論是對小孩還是成人，似乎都是相同的道理。

客戶的慘案，就是最好的輔助道具

剛開始意會到這種情況，我感到非常沮喪，因為受訓過程學習的專業知識，好像都派不上用場，直到我遇到一位客戶A先生。他一見到我，就拿出一張外銷訂單的影本，氣呼呼的跟我抱怨現在使用的影印機。

「這真的是太可笑了！訂單經過影印後，竟然連數字「0」跟「8」都看不清楚，國外客戶因此匯錯款項給我，請問誰該賠償我的損失？」

在那個年代有些貿易公司的訂單，還是會透過事務機器列印、影印、傳真。A先生會這麼生氣，是因為這個錯誤，剛好發生在他最重要的大客戶身上。

也因為如此，他是第一個有耐心坐下來，聽我說明「畫質」的客戶。我詳細介紹自家機器處理文件畫質的技術，以及和競爭對手之間的差異，他聽得很入神、頻頻點頭，最終成了我的客戶。更重要的是，他手上這張畫質不良的訂單，給了我「說故事」的靈感。

我找了一些可以對外公開的文件，借用這位客戶的舊影印機，印了許多「0」跟「8」混淆不清的文件「範例」，隨時帶在身上。往後介紹「畫質」時，我的開場白不再是令人昏昏欲睡的專有名詞，而是這樣說：「您知道嗎？我有一位客戶因為文件畫質不良，損失了好幾萬美元的外銷訂單。您看看這份文件……。」

把專業知識轉換成看得見的故事後，我發現往後在介紹這項特點時無往不利，客戶都聽得很入神，而我自己也說得津津有味。你說，故事的威力是不是很大呢？

5 一般業務不斷強調賣點，B2B業務懂得強調結構

在簡報結構中，每一段文字之間，是什麼關係？就像打美國職籃（NBA），這一節誰主攻、誰助攻？若不先講清楚，就成不了團隊。

現代人或多或少都有「資訊焦慮症」，等電梯、等捷運、等朋友時，智慧型手機不離身，十之八九都變成低頭族。但是各種新興媒體資訊的品質，卻令人搖頭。一味追求資訊的「量」，犧牲了資訊的「質」，這種現象也常見於簡報。為了讓自己看起來很有價值，講者常不自覺的「塞」許多資訊給聽眾，內容不斷追加後，原本的架構也模糊了。

結構，正是商業溝通最重要的關鍵。整理出簡單、清晰的結構，才能引導不同背

景的聽眾融入交流，不只如此，好的簡報結構，能同時幫助講者和聽眾，歸納與分類想法，在去蕪存菁的過程中，自然能從中獲得共識。所以好的結構，就是成功溝通的基礎。

簡報結構如組NBA，角色要齊，彼此相關

根據「智庫百科」解釋：結構，是指事物與各種要素之間，相互關聯與作用的方式，包括構成事物要素的比例、排列次序、組合方式和發展變化等，這就是結構。

也就是說，簡報中每個段落與段落的關連非常重要，而且各有不可取代的任務，就像打ＮＢＡ，每個球員的角色、功能不一，但即使是前鋒、中鋒、後衛，在這一節，你是要擔任主攻還是助攻？還是要事先講清楚，不然就不成團隊了。簡報內容就是一支團隊，每段文字都有各自的功能。

在商業管理領域，早就有學者分別提出供應商、客戶、競爭者、潛在客戶、替代品等觀念，但是直到麥可．波特（Michael Porter）把這五個面向集合起來，形成一個簡單易懂的「結構」，再賦予「五力分析」一詞，自此形成容易討論、思考和研究的主題。

「SWOT分析」也一樣，該理論完整的主張為：先弄清楚自身的「優勢」（Strength）與「劣勢」（Weakness），再進一步了解環境中存在著什麼「機會」（Opportunity）與「威脅」（Threat），這絕對不是什麼驚為天人的新觀念。但是當我們把這四件事集合起來，形成一個結構、給它一個名字（SWOT），它就變成廣為流傳、具有影響力的分析方法，或者說是一種共通語言。由此可知，有好的結構，在商業世界往往就掌握主導權和發言權。

你是否曾有這樣的閱讀經驗？不管是看紙本書籍、報章雜誌，或網路上的產業報告、專欄文章，在一連串文字敘述之後，閱讀的專注力、理解能力便開始下降，此時你期待出現什麼，以確定自己還在正軌上？

答案是照片、示意圖、流程圖、統計表格、條列式摘要等。原因很簡單，它們都是一種「結構」，用某一種形式呈現出來，讓人們的腦袋可以暫時放鬆，把剛才吸收到的資訊歸類到一個架構上，以便於理解、消化，進而內化成自己的想法，而不是停留在表面的遣詞用字而已。

圖表 1-3　將資訊整理出結構，讓人一看就懂

一、密密麻麻的文字，讓人看不出重點

強弱危機分析（英語：SWOT Analysis），又稱強弱危機綜合分析法、優劣分析法、TOWS分析法或道斯矩陣，是一種企業競爭態勢分析方法，是市場行銷的基礎分析方法之一，透過評價企業的優勢（Strengths）、劣勢（Weaknesses）、競爭市場上的機會（Opportunities）和威脅（Threats），用以在制定企業的發展戰略前對企業進行深入全面的分析以及競爭優勢的定位。而此方法是Albert Humphrey於1964年所提出來的

二、整理出重點，或以表格呈現，讓人一目了然

強弱危機分析
用醒目大標點出主題（結構）。
將文字整理成圖表，口頭解釋內容。

	Helpful 對達成目標有幫助的 to achieving the objective	Harmful 對達成目標有害的 to achieving the objective
Internal 內部(組織) attributes of the organization	Strengths:優勢	Weaknesses:劣勢
External 外部(環境) attributes of the environment	Opportunities:機會	Threats:威脅

「結構」很重要，所以要說三次

簡報時也一樣，如果你只是不斷的敘述，即使口條和口才再好，聽眾也會彈性疲乏。你必須時時停頓下來，重述整場簡報的結構是什麼，就像衛星定位系統（GPS）一樣，告訴你的聽眾現在身處何方。這種不斷強調結構的方式，不限於開場白而已，在整場簡報的前、中、後都可以使用。以下是一些範例：

- **開頭**

今天的簡報內容有三大部分，分別是A、B和C。

- **轉場時，重述一次結構**

好的，剛才這個案例就是屬於第二部分B的典型應用，也是A、B、C當中最貼近我們生活的例子。接下來，讓我們看看最後一部分C。

- **結尾**

以上就是今天的簡報內容，讓我再很快重複一下A、B、C分別的重點。

總之，你不能苛求聽眾全神貫注、一分鐘也沒有恍神，你也無法確保聽眾都有很好的理解程度、完全照你給的腳本走。你能做的是不斷強化結構的完整性，好讓聽眾在整場簡報過程，緊緊跟隨你的腳步，更重要的是，偶爾失神時，還可以很快的歸隊，即使整場簡報都在神遊，他也能在簡報結束前的三分鐘，也就是你最後總結時，聽到最核心的內容並留下印象。

6 簡報不是兌獎，傳達價值比傳達數字更重要

別說：「這個產品帶來『五點』效益。」
改說：「這個產品帶來以下『幾點』效益。」
當下記不起來的就放生吧，你還有下一場呢。

多數人對商務簡報內容的認知，就是豐富的圖表搭配海量的數字，因此講者在簡報前，會把所有準備的心思放在「背講稿」上，尤其是書面資料上的數字，更是無所不用其極的塞進大腦。但根據我的觀察，臺下的聽眾對於你口中的精準數據，其實沒這麼在意。

有一次我陪同事去客戶端做簡報，他是標準的完美主義者，每一張投影片他都有自己的手抄筆記，註明內容有哪些要點。談論到某個產品的「實務應用」時，投影

片呈現出一張生產線的照片，他接著說：「各位請看照片，這個產線使用我們的零件後，帶來『五點』效益，第一點是……。」

他很流暢的逐項說明，客戶對他的準備充分頻頻點頭。我和他在簡報前討論，決定不把這五點逐字寫在投影片上。我們希望客戶的眼光放在產線照片上，專注進入到實務情境，不要被文字搶走注意力。

想不到他報告完前面四點，卻突然記不起來「第五點」是什麼了，追求完美的他很努力的回想，卻怎麼也想不起來，一時之間僵在臺前。客戶露出淺淺的微笑，好像在說「沒關係」。

可是他還是不願意放棄，站在投影片旁邊、一個人停頓了好久。最後他很尷尬的說：「對不起，第五點我忘記了，我再補資料給您們。」至於客戶呢，還是維持淺淺的微笑，好像在說「我知道」。

重點扼要傳達，數字就隨緣吧

對於這個失誤他非常耿耿於懷，於是在回程的路上又拿出來談。

「氣死我了，昨天晚上準備這麼久，為什麼今天就是想不起這『第五點』？」

我安慰他：「我認為你整場表現很好，瑕不掩瑜，別這麼在意了。」

「但是這個『忘詞』真的讓我好尷尬，整個人好像被『釘』在臺上，想不出來就沒辦法繼續進行下去。天啊，下次再遇到這種狀況怎麼辦？我是不是應該吃銀杏了。」他現在可以拿「銀杏」來調侃自己，代表他處於比較輕鬆的狀態，不是剛才那位完美主義者了。我提醒他，應該把這種輕鬆的狀態帶到臺上才是，並對他說：「你有沒有發現，當下客戶並沒有這麼在意你忘詞了，全場最在意的人只有你自己。」

他一方面同意，一方面又不服氣的問我：「那我就是只記得四點，該怎麼辦？」

我：「你只記得這四點，代表這是其中『比較重要』的四點，那就夠了。你只要繼續往下一頁報告就可以了。至於你說了四點、還是五點，你認為聽眾真的那麼在意嗎？」

或許是旁觀者清，我的回答讓他有恍然大悟的感覺。他說：「有道理耶，這又不是記憶力比賽。」我們的談話瞬間變得輕鬆許多，他對簡報的刻板印象也有所改變。

簡報不是記憶大考驗，誰知道你漏了什麼

我的看法是，簡報是一種講者引領全場聽眾前進的過程，對的方向比細枝末節重

要。重點是我們清楚陳述每一頁的主軸，至於那些被遺漏的細節，通常就是因為它不夠重要，並不影響主軸的論述，所以連講者當下也想不起來。既然如此，丟掉這些次要的細節又有什麼關係？除非你的聽眾手握你的講稿，否則沒有人會知道你遺漏了什麼，不是嗎？

有了這次經驗，要靠記憶來論述條列式的要點時，我盡量不會說：「這個產品帶來『五點』效益。」而是改成：「這個產品帶來以下『幾點』效益。」然後，盡可能說出那些印象深刻的要點就好，至於當下記不起來的，就放它一馬吧，如果真的非常重要，他們必然會翻閱手中的資料找答案。

7 內容越豐富越有機會？超時就出局

守時是成功業務的關鍵素質，
卻也是一般人最容易失誤的部分。
俗話說「時間就是金錢」，對每分鐘幾百萬、
幾千萬上下的大老闆更是如此。
想接下大單？先從替他省時開始。

我們都有這樣的經驗，某人在會議上表示，只要給他「三分鐘」說明就好，結果時間延長了好幾倍都無法結束。講的人雖然是出自善意，但是聽的人失去耐心，再好的出發點都大打折扣。況且，有時不只關乎聽眾的耐心，時間掌控不佳、導致其他行程受到影響，更是因小失大。

將演講內容分段拆解算時間

準備簡報的過程中，用碼錶來計算時間，是一種鍛鍊「時間感」的絕佳方式。

假設你要演練三十分鐘的簡報，你不只需要知道，全部簡報能否控制在三十分鐘內，你還需要知道每一個段落各花了多少時間（見下一頁圖表 1-4）。

也就是說，內容和花費的時間是被拆解成一個個區塊。你能越精準的掌控越小單位的時間，就代表你在簡報、表達時的應變能力越強。

因此在練習階段，不妨找一個大螢幕的智慧型手機，打開碼錶的畫面。在你演練的過程中，就把碼錶當成其中一位聽眾，不時注意一下時間走動的情況。

練習久了之後，你就會獲得類似這樣的心得：「喔，原來一分鐘是這樣的長度，原來三分鐘可以講這樣長度的內容。」這就代表你已建立自己的「時間感」了。

圖表 1-4 用內容的重要性分配時間，準時結束最重要（以 30 分鐘簡報為例）

一、依每頁簡報的重要程度，分配時間

＊星號越多，代表越重要。

二、依段落的重要程度不同，再細分時間

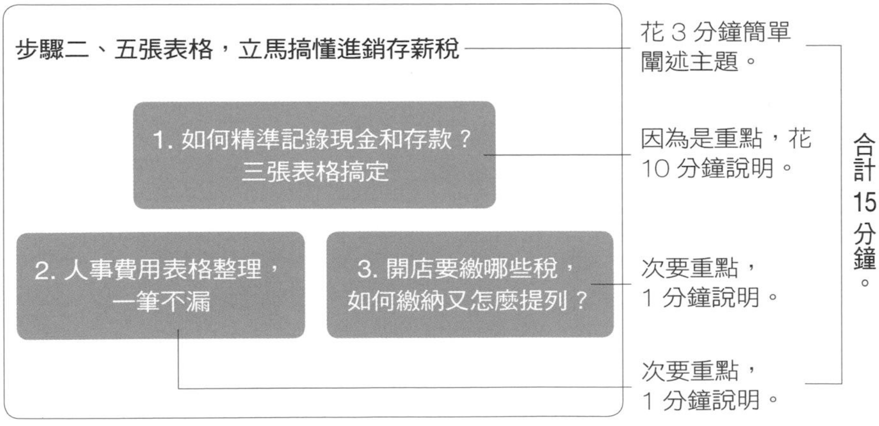

8 B2B簡報的主角，在臺下

簡報之後要做決定的人，是聽眾。
就像現在，我得說動你買單，否則什麼都不會發生，
尤其是商務簡報的關鍵人物，絕對不在臺上。

上臺報告的技巧，的確有許多細節值得探討精進，然而，如果把「手持麥克風的人」當成簡報的主角，甚至超級巨星來經營，致力於完美演出一舉一動，那就搞錯對象了。

前面提到，一般簡報的目的是傳達資訊，進而影響聽眾採取行動；而B2B簡報的目的是促成交易，真正的決策者其實在臺下。既然決定權在臺下的聽眾身上，簡報者的定位就應該從「臺上的主角」，調整為「假設我是臺下的老闆」。

有些人一站上講臺，會不自覺陶醉在鎂光燈下的感覺，把自己當成最佳男、女主

角去表演。費心運用許多技巧的結果，的確帶來熱鬧的氛圍，也證明這是一場成功的「表演」。

但是如果仔細思考，「證明臺上的人演出很成功」是一場簡報最重要的目的嗎？或者，臺下的人受了什麼影響、發生什麼改變，才是真正有價值、有意義的結果？我深信後者才是多數簡報者想達到的效果。

把重點放在臺上，注意力就會放在「自己」身上，關心的是自己臺風是否出眾、迷人，好似聽眾聽得如癡如醉就是終極目標。但如果將焦點放在臺下，注意力就會放在「他人」身上，會細心觀察聽眾是否充分理解，努力創造交集與共鳴。這兩種心態的差異，從主講者的各種細微表現表露無遺。

演出成功不是B2B簡報的目的

剛開始有機會拿麥克風，我也曾萬分緊張，因為非常希望自己能完美的演出。上臺經驗多了之後，我對掌握舞臺游刃有餘，享受了點鎂光燈和掌聲的虛榮。現在回想這個階段，我對上臺演說的理解還處於「見樹不見林」。

直到我有更多人生歷練，體會到更多真實、有智慧的改變，是發生在鎂光燈照不到的地方，我才跳脫對「簡報」和「演講」的膚淺理解。如果一場簡報真正深層的意義，是要改變臺下的人，那麼在臺上手持麥克風的人，其實並不是主角。

想通這個道理，往後我拿麥克風面對再多聽眾，緊張感、虛榮心都減少許多。因為真正的主角是臺下的聽眾，而不是自己。既然如此，又有什麼好緊張的？因此，我們必須丟掉主角在臺上的迷思，用「如果我是老闆」的心態，來準備和報告。

以下我提出幾個在B2B簡報的領域，能幫助你換位思考的問題練習（見下一頁圖表1-5），把這些問題先想到通透，才會有一場聽眾導向、利他思維的好簡報。

圖表 1-5　製作 B2B 簡報時，換位思考的問題練習

1. 客戶或供應商為什麼要聽這一場簡報？
2. 我的簡報可以為合作夥伴，帶來哪些新的想法跟做法？為對方的公司營運帶來哪些改變？
3. 在業界眾多的提案者之中，我有什麼獨到之處？
4. 我應該如何在最短時間內，清楚說明我方能帶來哪些效益？
5. 對方可以從我的簡報中獲得什麼好處？

9 資深業務見人說人話，金牌業務觀察需求才說話

聽眾來自不同部門、不同職位，需求也不同。把公司提供的範例，用他們的需求說一遍，自然能擊中他們的痛點。

向企業客戶提案做簡報時，最重要的原則是「了解聽眾」。或許是這個道理聽起來太簡單了，許多業務人員從沒放在心上，實務上經常是「自說自話」的情況。現在回想起來，我也有過「迷失」的經驗。

在電子業「中國製造」剛開始蓬勃發展的那幾年，設在中國的組裝廠和加工廠，手上都是滿滿的訂單，但是產能趕不上客戶需求，交期拖延造成許多客戶不滿。

當時我在外商的科技研發公司服務，要向一家大型客戶提案，希望他們採購我們

自行研發、委外在中國製造的零件。我的業務同仁準備了一份詳盡的公司簡報，其中包括我們如何和中國代工廠配合，以降低產能不足、交期延遲的風險。

客戶開始質疑，是不滿還是需求？

簡報進行到關鍵時刻，客戶詢問：「關於產品供應鏈，你們有沒有什麼分散風險的做法？」顯然客戶表達了他的疑慮，不希望雞蛋放在同一個籃子裡（供貨窗口都集中在中國）。

然而，我的業務同仁並未充分意識到，反而繼續強調，我們如何加強與中國代工廠的合作，試圖說服客戶接受這唯一的方案。

我心裡知道「一定有哪裡出了問題」，但是因為沒有先做足準備，只好任由簡報繼續進行至結束。

果不其然，在那一次簡報過後客戶回絕提案，只是客氣的表示會再評估。我上網查詢了這家客戶的公開資訊，赫然發現我們提案失敗的原因。

原來他們為了避免交期延遲的風險，早已陸續在東南亞另闢生產線，同時也要求合作廠商同步轉移供應鏈體系，或是提出逐步轉移的計畫。

我和同事因為太熟悉公司簡報的「制式內容」，以至在簡報過程中只專注在自己要說什麼，忽略聽眾需要的是什麼。而我也因為與會前沒有做足準備，雖然感覺不對勁，卻完全幫不上忙。

這是一個令我印象深刻的案例，日後時常警惕著我。向企業提案簡報最具挑戰之處，在於聽眾可能來自不同部門、不同職位，當然也會有不同的考量和觀點。千萬不要以為製作精美的公司簡介，可以一體適用在全部客戶。

當我們提到B2B簡報應該「做足準備」時，我想最關鍵的並不是用字遣詞、話術技巧，也不是多加幾頁照片圖表，讓自己看起來像專家。那個最核心、最重要的功課，其實是把焦點從自己身上移開，放到聽眾身上。

10 老師上課給學生結論，上臺報告得給開放式結局

我一直認為最高明的行銷是「意在言外」。把你要表達的「意思」放在「語言」之外，讓聽者自己去感受跟體會，才是最有感染力的方式。

某次我受桃園縣政府的邀請，為工業區的廠商主講一場研討會，主題是近幾年的產業發展趨勢及企業的因應之道。這是一個涵蓋範圍非常大的題目，與會廠商的產業分布也很廣，涵蓋傳統產業、電子業到服務業，因此我準備了很豐富的內容。

但是依據過往經驗，這些業界的前輩大多保守且客氣，很少在演講過程主動提問。試想，如果我只是教條式的在臺上做簡報，肯定不會有人打斷我。但是「單向」表達久了，就算內容再精彩，也很難讓聽眾在一、兩個小時內，都維持高注意力。我

和在座近百位與會廠商都付出寶貴時間，我不希望這是一個人的獨角戲，於是我想到「意在言外」的技巧。

老闆比你知道答案，你的作用是引子

舉例來說，要說明網路的線上交易成長快速，大幅侵蝕傳統的實體店面生意，我不會直白的用「線上（on-line）取代線下（off-line）」這樣的字眼來破題。相反的，我先舉幾個當下最熱門的購物網站與購物APP為例，詢問現場有多少人使用過。遇到那些反應比較活潑的聽眾，我就讓麥克風在他們手上留久一點，讓他們多分享一些使用經驗。

接下來，再由線上熱賣的產品品項，延續談論到它們在實體店面銷售萎縮的情況。我雖然心裡有市場報告和統計等資料，但是不會隨便丟出答案或結論，而是引導聽眾，讓他們來告訴我，這就是「意在言外」的精髓。

等熱烈討論過幾個案例後，我才詢問聽眾：「從以上案例歸納，得到的市場趨勢是什麼？」臺下說出預期的答案（網路市場正在瓜分實體市場），投影片才秀出我的結論。這樣的溝通方式，不管在公眾演說、內部會議，甚至是一對一和同事溝通，都可以得到很好的效果。

用生活經驗引導出的答案，比你直接告訴他更能說服

剛開始簡報和演講，我總把自己定義為「給答案的人」，這與傳統亞洲教育對「老師」的定義很像。

但是商業環境在這幾年的變化越來越快，顧問和講師也很難依據過去的經驗，給出一個很有價值的標準答案。昨天的答案，在今天已經不適用，這在各行各業早已司空見慣。

那麼簡報、演講的價值何在？我認為是「提出好題目」，引導人們去思考、去找到最適合自己的答案。了解這個道理之後，我越來越能理解「意在言外」的好處，它保留一半的空間，讓聽者自己去感受、自己去挖掘價值。

「表達」本身就是一種行銷的行為，有些人口沫橫飛、費盡氣力，但是聽者不埋單，再好的想法也無用武之地。

在這個資訊超載的時代，不必急著把你要表達的意思，全部放在言語之「內」，因為閱聽大眾對直白的訊息已經彈性疲乏。

用案例、故事、比喻來鋪陳，就像把鑰匙交到聽眾手上一樣，讓他們自己來開鎖、自己來抓取「言外之意」，那才是最棒的溝通方式。

11 簡報結束，生意才開始

我沒看過B2B簡報後客戶當場簽約的，畢竟B2B市場都是大金額的訂單，但鋪陳一個有價值的「後續連結」，正是收穫訂單的前奏。

我在電子業擔任業務和專案經理時，經常要對工程師做簡報。每當客戶公司的研發部門有新的產品開發專案，客戶工程師一定會找不同的供應商聊聊，一方面是評估這些供應商的實力，另一方面是看能不能激發出新的想法或做法。

一開始，我真的只把簡報定義成「提供資訊」，說的好聽是客戶有問必答，說直白一點，就是客戶問A我就答A，客戶沒問的，我很少主動去設計或創造一個議題。久了之後我發現，在產業裡蒐集資訊的人比真正有需求的人多，如果只是被動的去做簡報，客戶蒐集完資訊就不了了之，是常有的事。

然而，業務人員的時間跟工程師一樣寶貴，這種被動提供資訊的角色扮演多了，你會發現客戶對你的評價也不高，充其量就是把你看成「盡責的資訊提供者」而已。

提供後續連結的管道，才是成交關鍵

資訊提供者或許可以爭取到一些「提案」的機會，但是想「成案」的話，這個角色必須得再升級才行。

真正成功的B2B簡報，是鋪陳出一個有價值的「後續連結」，也就是在簡報結束後雙方都採取有意義的行動，最終達到商業目的。

我沒有看過因為B2B簡報很成功，客戶當場提筆簽約的，畢竟B2B的訂單成交金額都相當龐大，很難在短時間內做出決定。但是我看過很多**成功的B2B簡報，使得會議的討論方向非常聚焦，會後讓專案或訂單的推進速度大有斬獲。**

累積了一些經驗，我知道必須扮演更積極的角色之後，我對簡報的「目標設定」也有完全不同的思考方式。過往我把焦點放在那一小時、兩小時的簡報內容，思考邏輯是像這樣的：

● 我的簡報內容重點是：

1. 我們在航太產業的優勢與成功經驗。
2. 專案的整體規畫與時程。
3. 包裝破損的後續改善情況。

但是，就如同前面的說明，一旦習慣陷在這種思考模式去準備B2B簡報，即使我們投注很多心力，準備了豐富的素材，還是跳脫不出「資訊提供者」的框架。為了擺脫這種被動的角色，我的思維做了一些調整，把原本的思考主軸再延伸出去：

● 簡報結束後，我要達成的目標是：

1. 用實際的報告、數據、照片，讓客戶相信我們是航太專家，並立即安排參觀產線。
2. 凸顯出目前專案進度的主要瓶頸，以說服對方加派更多人力支援這個專案。
3. 去除客戶對包裝品質的疑慮，盡速在供應商審核報告上蓋章。

對照前後兩組「自問自答」的問題，其實都在談論同一件事，差別在於前者把重點放在簡報本身，而後者把重點放在簡報結束之後，該採取什麼行動。看似微小的差異，但是對一個人「目標導向」思維的塑造，卻是大大不同。

圖表 1-6　從僅獲得提案機會到締結成交的準備關鍵

一、思考簡報內容如何呈現

1. 我們在航太產業的優勢與成功經驗。
2. 專案的整體規畫與時程。
3. 包裝破損的後續改善情況。

僅停留在提案層次，離成交還有一段距離。

↓

二、思考簡報成功後，後續該採取什麼行動

1. 用實際的報告、數據、照片，讓客戶相信我們是航太專家，並立即安排參觀產線。
2. 凸顯出目前專案進度的主要瓶頸，以說服對方加派更多人力支援這個專案。
3. 去除客戶對包裝品質的疑慮，盡速在供應商審核報告上蓋章。

以具體行動鋪陳出有價值的後續連結，順利成交！

第二章

什麼樣的內容，讓大客戶想多看一眼？

1 五個提問，幫你做出高說服簡報

簡報之前再說一次：
永遠不怕把事情說得「太清楚」，
讓聽眾迷失才是最嚴重的錯誤。

前面已經了解，商務簡報與一般簡報有些不同，例如，與會的對象通常是專業人士甚至大老闆、簡報場合不限於會議室，因此，業務經常須依場合、對象，微調說明的方式。其中有一點最重要的是，提供給顧客的資料，應該是講解時的輔助工具，而非講稿。

既然是輔助工具，準備的方式自然有些不同。

準備投影片時，我習慣用幾個問題來檢視、思考如何規畫內容。

一、我有哪些素材可以運用？

簡報素材的格式包括：表格、圖片、照片、數據、報告等。使用文字以外的元素，不外乎為增加投影片的豐富度、視覺效果，以及提高內容的吸引力和說服力。

在準備簡報的初期，一定要盡量進行「發散式」的思考，將可能的資料來源都列入考慮，像是簡報提到的公司、專有名詞、組織、人名等，都可以上網多查詢一些相關資訊。

二、我有多少時間，需要準備多少張投影片？

以專業的商務簡報來說，我建議一張投影片大約可以停留三至五分鐘。停留時間太短，聽眾可能來不及聚焦；停留太長，又會讓聽眾彈性疲乏、注意力下降。

依此原則，**一個半小時的簡報，大約十張投影片就足夠了**。有些人習慣多準備一些內容，比較有安全感，可以依個人習慣微調。但是我還是必須提醒，投影片只是輔助工具，千萬別搶了簡報者的風采。

三、我要呈現什麼風格？

B2B簡報大多在較正式的場合進行，因此字型、顏色、投影片風格的設計，盡量以簡潔、明亮為原則（見圖表2-1）。商務簡報最重要的目的是清楚傳達訊息，所以我建議不要用太花俏的音效、頁面轉場效果等。當然，如果你的主題是廣告設計、創意發想等，就另當別論。

投影片的風格則要有一致性，才能展現專業感。若是東拼西湊，自己又沒有基本的美工能力，不妨找一位較有經驗的人幫忙微調，免得投影片像「拼裝車」一樣，顯得雜亂、毫無主題。

四、聽眾想要、需要什麼？

回歸到聽眾導向、易位思考，準備簡報內容的時候，要不斷問自己：「聽眾想要、需要得到的，是什麼樣的資訊和觀點？」即使是自己很有把握的題目，也要

圖表2-1 製作投影片以簡潔、明亮為原則，風格要統一

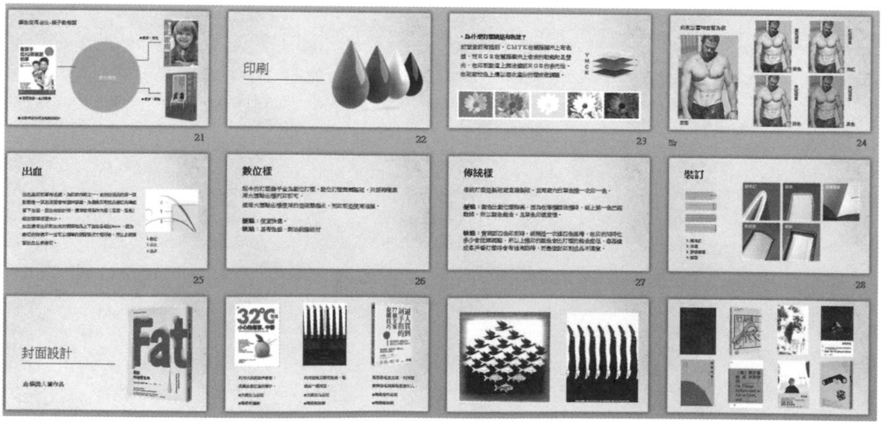

重複問自己這個問題。

舉例來說，幾次我在《商業周刊》的「超業講堂」進行北、中、南的演講，雖然同一年的題目是一樣的，但我仍會依不同場次聽眾的身分、產業背景，易位思考來調整內容。我們想講什麼，永遠比不上「聽眾想聽什麼」重要，不管從事的是演講或銷售，顧客導向，永遠是金科玉律。

五、如何讓聽眾更容易理解？

如果說聽眾想要什麼是「what」的層次，那麼如何讓他們更容易接收訊息，就屬於「how」的層次。首先是遣詞用字要合聽眾胃口，例如，對工程師簡報，可以多用專有名詞，但對一般人則要用淺顯易懂的語言。

再者，就是回歸到要讓人理解一件事，最簡單、最有效的基本工夫：舉例、舉例和舉例。好比你要說明「全球消費市場走向需求多樣化，對供應鏈帶來挑戰」，最好的方式就是以鞋子、衣服或飲料等，容易理解的生活產品為例，引領聽眾一起來盤點計算，到底在門市、庫存、運輸、生產等各方面，增加了什麼成本和作業複雜度。

簡報和演講場合，永遠不必怕把事情說得「太清楚」，讓聽眾迷失才是最嚴重的錯誤。

2 簡報是提供情報與觀點，而非整理資料

從社會現象推演商業行為轉變，
並進一步鼓動聽眾追尋你指的方向，
直指人心需求的簡報，還怕沒聽眾？

比起如何設計投影片，令多數簡報者感到困擾的，反而是找資料。受到資訊科技、網際網路突飛猛進的影響，過去有價值的資訊，像是產業情報、技術資料、產品知識等，如今變成唾手可得且成本低廉的資源。但是也因為資訊過於氾濫，使得真正核心、有價值的部分，更容易淹沒在資料庫中。

在這樣的時代，業務人員必須體認到自己角色的轉換。不論銷售的是有形產品或無形服務，都必須從價格與規格導向的銷售人員，轉型為提供情報與觀點的專業

顧問。這兩者間有什麼不同?所謂「資訊」(Information)是分散且缺乏焦點的,而「情報」(Intelligence)則是指特定資訊經過解讀之後,對特定產業與對象有意義的內容。

準備一場B2B簡報的道理也是一樣,**如果你打算傾倒資訊給聽眾,它就會變成一場低價值的說明會**,因為資訊早已經多到不值錢了。但是如果你把資訊消化過後,解讀成一個又一個「觀點」(Insight),這樣的簡報會變得比較有價值。哪怕你的聽眾不一定會完全同意你的觀點,也會成功刺激出思辨和交流,這才是簡報最具價值的部分。

少子化、M型化不只是趨勢,更是促購動機

如何把資訊變成觀點,以下是一個簡單的例子。中國因為二〇一三年起,面臨整體勞動力負成長,缺工問題越來越嚴重,在二〇一五年十月底宣布,終結超過三十年的「一胎化政策」。

待中國立法完成後,預計每年會多增加五百萬名新生兒。這對一般人來說是一則新聞、一項資訊,但是對許多產業廠商來說,應該進一步分析為情報和觀點,以掌握

後續的商機變化。

直接受惠的產業是嬰幼兒用品、兒童教育，而當父母願意投資更多在下一代身上後，勢必會壓縮非必需品的消費，造成如純娛樂上的花費（看電影、與朋友唱歌等）降低，進而影響相關產業。此外，更多新生兒雖然使得短期內人口增加，但是人口老化的問題卻仍未解決，醫療與民生消費品將走向M型化（按：是日本趨勢大師大前研一於二〇〇五年所提出，主要說明中產階級消失，貧富兩級化的現象）的需求。

這些衍生的社會現象與市場改變，都值得直接或間接相關的上下游廠商深入研究，並解讀出對自身企業的意義為何。

出生率、新生兒數目、政策內容等都屬於「資訊」，而後續可能會造成什麼產業崛起、什麼產業沒落，這些經過解讀的資訊才是「觀點」。身為業務員或專業的B2B簡報者，吸收這些資訊並轉化為情報和觀點，才是最有價值、最關鍵的部分。

從資訊進階到觀點，對優秀的簡報者來說，應該追求的下一個層次是「影響」（Influence）。簡報看似一場表演，但是真正的目的，不是展現講者多麼口若懸河，或證明講者見解多麼精闢高明，簡報最核心的作用，應該是「影響聽眾」。進行的時候雖然讓聽者充滿感動，但是**結束後沒有引發行動的簡報就不算成功**，這是成熟的講者要有的正確認知。

訓練自己「有目的」的簡報

你可以看見那些真正相信自己產品、熱切期待改變他人的簡報者，總是可以透過語氣、眼神、肢體動作傳達出影響力，這種熱情是模仿、假裝不出來的。所以我的建議是，永遠只說那些自己相信、自己實踐過的內容跟觀念，你才能在講臺上發揮真正的影響力。

有了正確認知，從準備簡報的那一刻起，我們就應該不斷詢問自己：「哪些內容或數據更有說服力、更能夠打動聽眾？」、「從哪個角度切入這個主題，他們更能夠感同身受，進而受我影響而做出決策、採取行動？」如此一來，我們就會很有「目的性」的準備簡報內容。把思維從準備什麼內容（What），拉到為什麼要準備這個內容（Why）的層次，也是在強化自己的策略性思考能力。你在傾倒資訊？還是在提供觀點？亦或者在影響他人？表面看起來都叫做簡報，事實上卻是大不相同。

圖表 2-2　訓練自己做「有目的」簡報

準備什麼內容（What）
想要給聽眾哪些資訊。
為什麼要準備這個內容
（Why）
把這個資訊傳達出去，
我的目的是什麼。

3 打中痛點的提問，比強塞優惠更有效

不必給他最有學問的，而是給他最需要的。
各行各業都適用的顛撲不破道理，重點是：問。
比起換手機，你的客戶更需要兩袋衛生紙？你問過了嗎？

在蒐集資料的階段，很多人會陷入迷思，總希望自己準備得最齊全，於是什麼都想講給對方聽。這種單方面給予的方式，往往會落得「真心換絕情」的下場，如果又耽誤了時程，這可是犯了商場上的大忌，務必小心。

這讓我想起在商場上，有一個非常有名的例子。

二〇一七年六月底，臺灣的2G網路全面終止提供服務，但是全臺上半年還有高達二十萬用戶使用舊的2G網路。針對這個數量可觀的族群，各家電信公司無不絞盡

腦汁，希望爭取他們升級到自家的4G網路。

如果你是電信公司，你打算如何跟這一群人「溝通」？一開始各家電信商推出「零元手機」、「通話費優惠」等慣用的行銷方案，但是效果有限，轉換的用戶數量遲遲不見起色。顯然各家電信公司的行銷訊息，並沒有打動顧客。

眼見2G關臺的期限一天一天接近，電信龍頭「中華電信」逆勢操作，推出以往電信業者絕對不會想到的贈品：衛生紙。從手機、電子產品等高科技形象的贈品，一下子「降級」到衛生紙，完全顛覆了行銷人員的腦袋。令人意外的結果是，中華電信在短短兩個月內，成功讓七萬名用戶升級到4G。

原來，這些2G用戶，大多是對新科技不感興趣的長輩或家庭主婦，對年輕人有用的行銷策略，對他們卻一點也起不了作用。再華麗的行銷包裝，倒不如「兩袋衛生紙」來得有用！

我們在準備簡報時，也會遇到類似狀況。簡報者自認了解聽眾要什麼，於是用簡報者的專業背景來定義內容，忘了其實要易位思考。

很多時候，簡報者「想要說什麼、能夠說什麼」並不是最重要的，最重要的是從聽眾的角度出發，找出「他們想要聽什麼、他們怎樣才會聽得進去」。換句話說，你知不知道聽眾心中那「兩袋衛生紙」到底是什麼，才是簡報成功與否的關鍵。

不用專有名詞解釋專業，才是真工夫

臺灣人聽最多的「簡報」，應該算是學校教育裡面老師的授課。由於長期受考試制度、填鴨式教育的影響，過去臺灣老師只著重在傳遞「什麼」知識（what），但是對「如何」（how）傳遞會更有效果，完全不重視。

臺大電機系的葉丙成老師做了一個很有意義的突破，他在臺大開了一門「簡報技巧」的選修課，為期末報告打分數的人，不是臺大的老師或同學，而是龍安國小的小學生！於是這些理工背景的臺大學生，必須丟掉艱深難懂的電機名詞，找到淺顯易懂的語言來對小朋友簡報，溝通技巧的好壞高下立判。

不管我們簡報的對象是小學生、工程師、採購員還是高階主管，不變的定律就是先想清楚聽眾要的是什麼。

而且最值得注意的是，越有經驗的人，越容易被經驗「綁架」，往往以主觀意識來定義聽眾想要什麼。我們都應該回歸到基本面，想一想聽眾的身分、簡報的目的，再決定該給聽眾什麼內容。就像電信公司用衛生紙來行銷的道理一樣，你不必給聽眾最有學問的內容，而是給他們最需要的。

4 比起簡報放什麼，比例和閱讀動線更重要

文字不可連續轟炸，圖片不能太集中，鋪陳不能頭輕腳重，也不能虎頭蛇尾，臺下準備好，上臺免煩惱。

蒐集好資料後，就進入製作投影片的階段。基本上，這時只要掌握住前面提到的幾個大原則，就能做出令人眼睛為之一亮的簡報。

- 以簡潔、俐落的設計為原則。
- 每張投影片的設計風格要統一，可以直接套用軟體內建範例，也可以找專業人士協助。

● 內容以圖像為主，切忌滿版密密麻麻的文字。

簡報前的演練階段，也是重新檢視投影片內容架構的好時機。你可能已經花了好幾十個小時，準備一份重要的簡報，初稿完成後若是時間允許，我建議你抽離簡報的情境幾天，思緒沉澱歸零後，再回頭來看自己的簡報架構。

我建議在檢驗時，用「縮圖」的方式把所有投影片攤開，就像在看所有菜餚的「目錄」一樣，你可以從兩個重點來檢視，分別是比例（proportion）和方向（direction）。

圖文搭配要平均，不要傾斜或太集中

比例指的是文字、表格、圖形、照片、影片，出現的占比是否恰當。有時候連續出現大量的文字投影片，會給聽眾帶來太大的視覺壓力。而圖形、照片的頁面都集中在一起，也不是好的設計。讓各種素材均勻分布，是我建議的方式（見圖表 2-3）。

比例的另一個涵義是：簡報內容在起、承、轉、合的分配比重上是否適中。主題明確的商務簡報跟說故事沒有兩樣，不管你要陳述的是成功的、失敗的故事，一開始

圖表 2-3　圖文搭配要平均，圖片過多顯雜亂

過多的文字或圖片，會讓聽眾感到強大的視覺壓力

✕

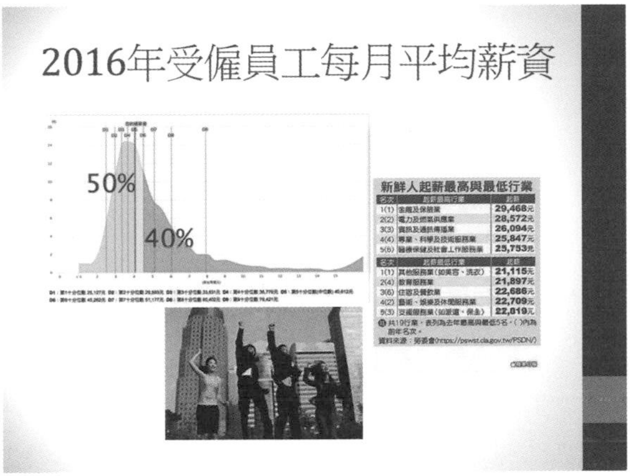
2016年受僱員工每月平均薪資
50%
40%
新鮮人起薪最高與最低行業
29,468元
28,572元
26,094元
25,847元
25,753元
21,115元
21,897元
22,686元
22,709元
22,819元

清楚的標題、圖表，加上簡潔文字，一眼就能看出重點及主題

○

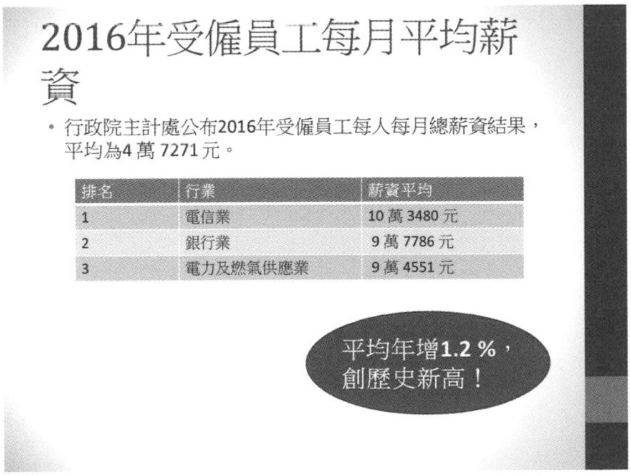
2016年受僱員工每月平均薪資
• 行政院主計處公布2016年受僱員工每人每月總薪資結果，平均為4 萬 7271 元。
排名 行業 薪資平均
1 電信業 10 萬 3480 元
2 銀行業 9 萬 7786 元
3 電力及燃氣供應業 9 萬 4551 元
平均年增1.2 %，創歷史新高！

都是鋪陳背景，接著是說明挑戰來自哪裡、企業如何應對，最終是得到的經營結果，這就是起、承、轉、合。

有些簡報「頭重腳輕」，花了太多篇幅在前端的鋪陳，但是真正關鍵的衝突、問題解決卻倉促帶過；也有些簡報的背景資訊交代得太短促（頭輕腳重），讓聽眾無法真正抓到主題的重點何在。所以，簡報者必須以「聽眾」的角度，重新檢查一次投影片內容的比重，讓故事的前中後適當分配，好的架構永遠是第一要務。

簡報有方向，內容先歸納

至於方向，指的是故事或案例的「高潮迭起」，要有明確的方向。舉例來說，若是你要說明一個品牌的先盛後衰，就應該把所有跟「興盛」有關的資訊，像是公司做了哪些對的事情、獲得哪些具體成果，都放在簡報的前半段。跟「衰退」有關的市場威脅、決策錯誤、績效不佳等，則是放到簡報的後半段。這樣的鋪陳才會有「由高往低」的方向（見圖表 2-4）。

我看過一些「方向」混亂的簡報，分析案例的正面、負面訊息交錯出現，讓人很難判斷要討論的關鍵議題是什麼。不只是聽的人辛苦，講者更要不斷變換分析的角

圖表2-4 檢視簡報方向，避免聽眾迷航

- 以說明品牌先盛後衰為例

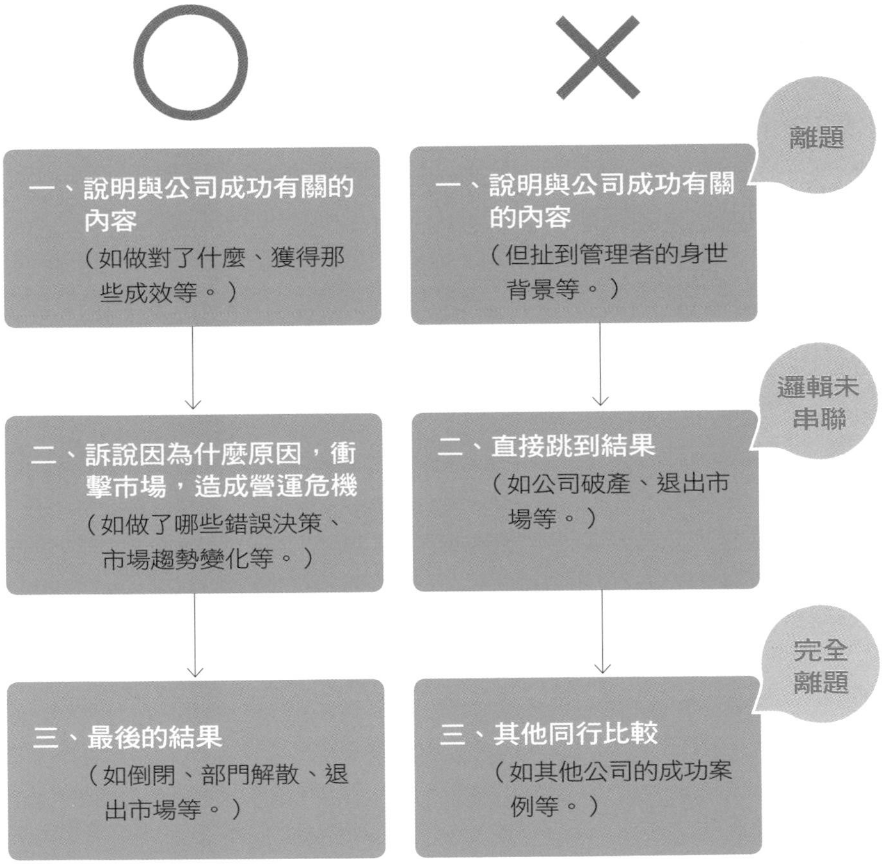
一、說明與公司成功有關的內容
（如做對了什麼、獲得那些成效等。）
二、訴說因為什麼原因，衝擊市場，造成營運危機
（如做了哪些錯誤決策、市場趨勢變化等。）
三、最後的結果
（如倒閉、部門解散、退出市場等。）
離題
一、說明與公司成功有關的內容
（但扯到管理者的身世背景等。）
邏輯未串聯
二、直接跳到結果
（如公司破產、退出市場等。）
完全離題
三、其他同行比較
（如其他公司的成功案例等。）

陳述聚焦，成功將自己的想法傳達給臺下的人。

說明跳來跳去，聽眾無法掌握重點。

度，太頻繁的「起承轉合」，反而打亂了說話表達的邏輯。因此，建立一個簡單、清楚的方向，也是準備投影片階段要注意的重點。

像這樣重新檢視一次簡報的排版與方向，自己在表達時，也能更聚焦於整場簡報的重點，幫助你做出更詳盡、邏輯清晰的報告。

5 一頁簡報用一句話說完，重點就出來了

愛因斯坦曾說過：

「無法簡單說明一件事，代表你理解得還不透澈。」說得零零落落，不是口才不好，是你還沒想好怎麼說。

經驗尚淺的人，上臺前不免要為簡報準備「講稿」。雖然我現在演講或簡報前，已經不會準備逐字講稿，但我還是會建議初學者，把「準備講稿」當成學習「過程」，等簡報技巧越來越精進、心態越來越成熟之後，則要把「捨棄講稿」當成最終「目標」。為什麼這麼說，就讓我們從講稿的好處、壞處談起。

如果時間充裕，在簡報前擬出講稿，絕對是幫助你進入狀況的好方法。例如，在寫講稿的過程，你會對提到的產品名稱、公司名稱、部門、職稱、人名等更熟悉，或

原本自認為很簡單、容易理解的概念，寫了講稿才發現，表達時變得辭不達意。

一般人以為這種辭不達意是口才不好，其實是我們還沒有把概念想清楚，所以問題是出在「思考」，而不是出在「口才」。

愛因斯坦（Albert Einstein）曾經說：「如果你沒辦法用很簡單的方式說明一件事，代表你了解得還不夠透澈。」這真是值得省思、牢記的一句話。

講稿不是拿來講的，是整理思緒

在準備講稿的過程中，我們是用「寫」來強迫自己「說」清楚，而為了要寫出來，又得引導自己「想」透澈。從「想」到「寫」，最後到「說」，三者互相影響、環環相扣，這就是準備講稿的好處。

既然講稿這麼有用，為什麼又要以「捨棄講稿」為最終目標？很簡單，在現實世界裡，沒有人會給你充裕的時間。如果你只會用「參加簡報比賽」的規格，準備一場簡報，總有一天你會因為時間不夠，而寫不出簡報講稿。

所以有講稿也是有壞處的，除了準備耗時，太過習慣講稿的人，表達和思考還可能被限縮在字裡行間。有些記憶力特別好的人，雖然可以把講稿一字不漏的背出來，但是總讓人感覺缺少一點彈性和應變。溝通是人與人之間非常「感性」的社交活動，太過機械化就失去溫度，效果也跟著打折扣。

捨棄講稿的第一步，就是先把整段文字變成條列式重點。如果一段十分鐘的內容有幾百甚至上千字的講稿，建議用「除蕪存菁」的原則，把不重要的語助詞、形容詞刪掉，留下最關鍵的事實跟數據，然後強迫自己把這些精華內容，重組成一個又一個句子。

把自己當主播：看重點，說句子

再進一步歸類、歸納、濃縮這些句子之後，就會成為越來越精簡的論點，也就是條列式的重點。從一段敘述式的「講稿」，變成幾十個「句子」，再從幾十個句子縮小到少數幾個「重點」。

原本要一張紙才寫得完的內容，就被簡化到變成便利貼，這就是「捨棄講稿」的方式。一場簡報幾十張投影片，不妨再問自己：「每一頁投影片的重點，如果再濃縮為一句話，那會是什麼？」

以下是一個範例：

【講稿】

各位業界先進，我們都知道「物聯網」（Internet of Things，簡稱ＩｏＴ）極具發展潛力，充滿各種龐大的商機。然而您可能不知道，我們所熟知的２Ｇ、３Ｇ、４Ｇ等蜂巢式網路（Cellular network），目前只占全球物與物連線總數的六％而已，這是因為這種通信技術的使用成本高、功耗大，也限制了新應用的發展。

因此，適合遠距離傳輸的低功耗廣域網路（Low Power Wide Area Network，簡稱ＬＰＷＡＮ）應運而生，已經有很多廠商投入這個領域的技術研究與應用推廣。低功耗廣域網路雖然沒辦法一次傳輸大量資料，不適合用來通話或傳送影音檔案，但是它在傳輸時的功耗非常低，對終端裝置來說非常省電，不必經常更換電池。而且，它的傳輸距離遠，電信商用更少的基地臺，就可以覆蓋更大範圍，整體建置成本，跟傳統的蜂巢式網路比起來，也會下降非常多。

基於這些特性，這種網路適合用在公共能源的管理，像是水、電、瓦斯、煤氣的計量與計費，它們都是終端使用族群非常龐大的應用。另外，像是應用場域很廣的「智慧城市」概念，舉凡交通監測、公共運輸網路管理、停車、照明等，都是這種技術可以大展身手的領域。

在環保意識抬頭的今日，很多自然環境的監測與遠端管理，也都需要借重低功耗廣域網路遠距離、低功耗的特性。

● 句子

1. 物聯網潛力龐大，但是傳統蜂巢式網路只占全球連線六%。
2. 因為蜂巢式使用成本太高、太耗電。
3. 低功耗廣域網路功耗低、較省電，不必常換電池。
4. 低功耗廣域網路傳輸距離遠，用更少基地臺、覆蓋更大範圍，節省成本。
5. 公共能源管理：水、電、瓦斯、煤氣。
6. 智慧城市：交通、公共運輸、停車、照明。
7. 環境保護：監測、遠端管理。

● 重點

1. 蜂巢式缺點：太貴、太耗電。
2. 低功耗廣域網路優點：功耗低、傳輸遠、成本低。
3. 商機：公共設施、智慧城市、環境監測。

● 一句話

物聯網未來的爆發，會發生在低功耗廣域網路。

以上就是從講稿、句子、重點到一句話的過程。我也曾經歷需要講稿的階段，因為連基本的用字遣詞、流暢表達都有問題，當然需要扎好馬步、練好基本功。但是同一份講稿看第二次、第三次時，我就會抓出中間的贅字、重複的段落，把講稿越刪越精簡。在濃縮內容的過程，思路會更清楚，哪些內容是重點和亮點，自然就掌握得更到位。

寫講稿是從「講者」的角度出發；寫完講稿把自己抽離這個情境、沉澱一下，再回來看自己的講稿，則是從「聽者」的角度，兩者都很重要。

練習的機會多了之後，一份講稿會被濃縮成句子、重點，最後是一句話。不只是字數越來越少，連準備一場簡報的時間也變得越來越短，抓重點的能力就是這樣「磨」出來的。

最後，準備一個有「起承轉合」的結尾：

1. 留三分鐘總結內容。

2. 提供補充資訊來源。

3. 給予行動方案。

當然，結尾的部分不要說得太久，務必要控制時間，建議在五分鐘內收尾，或不要超過整場簡報三分之一的時間為佳。

6 別讓硬體設備毀了你的合約

那些看似操作簡單的按鈕背後，
可能讓你升天，更可能搞砸一切。
寧可龜毛，也不能在細節前裝瀟灑。

多數人以為，上臺前的準備工作，就是把資料整理好、把投影片做好，積極一點的會把講稿準備好，但最多人漏掉，也最容易失誤的步驟，其實是測試硬體設備。

我曾經到合作廠商的辦公室開會，親眼見識到輕忽簡報前的準備工作，結果造成非常尷尬的狀況。

這場會議是由合作廠商的行銷人員，進行一場半小時左右的簡報，說明專案的整體規畫。由於議程非常重要，對方的老闆也將出席，雙方與會人員都提早十分鐘就抵達會議室。

一顆按鈕可能毀了一場價值千萬的簡報

兩邊交換名片、簡單寒暄之後，這位等一下要負責簡報的行銷人員，抓著我們的工程師討論產品細節，看得出他們在會前就已經熱絡的溝通。此時，旁邊的同事提醒他，投影到布幕的畫面似乎有點傾斜。他點點頭表示稍後會調整，然後繼續和工程師交談。

離會議開始時間只剩兩、三分鐘了，這位行銷人員總算回到投影機旁邊，試著調整傾斜的投影畫面。從他尋找功能鍵的動作看來，我很確定他非常不熟悉這臺投影機。費了一番工夫，他總算找到「梯形校正」的控制鍵，但是不調整還好，越按整個影像傾斜得越誇張，旁邊的同事還開起他的玩笑。

但是接下來的狀況，讓大家都笑不出來，那就是對方的老闆進會議室了。這位老闆雖然略帶客氣的微笑，但是從拘謹的穿著和舉止，一看就是做事嚴謹的風格。看著投影幕上扭曲的畫面，他雖然皺了皺眉頭，但也試著給自己的部屬多一點耐心，用眼神示意要他盡快就定位。

頓時間，會議室裡面七、八個人就看著他調整投影畫面，空氣瞬間變得好凝重，每一秒鐘都像一分鐘那麼久。很不幸的，將近一分鐘過去，他還是搞不定這個畫面，旁邊他的同事也急了，過來要幫忙。

兩個人摸索「梯形校正」鍵，還是調整不到位，他的同事索性把投影機抬起來，要調整下方的螺絲。他沒有想到的是，這個舉動會產生這麼大的「聲光效果」，因為他沒有先關掉訊號，投影畫面就一路從前方布幕晃到天花板上去，中途還「掃」到他老闆的臉上。

此時，他的老闆已經從耐住性子等待，變成一臉「鐵青」，再搭配旁邊同事緊張害怕的表情，我必須說，這是我體驗過最尷尬的辦公室場景。

細膩度就是你工作能力的呈現

這個令我印象深刻的案例，說明了輕忽細節的嚴重性。簡報不只是放出投影片、把話說清楚這麼單純的行為而已，它還可以看出一個人做事的品質，甚至組織的內部文化都可略窺一二。

假設今天他報告的題目是「專案規畫」，你說「投影畫面有沒有快速就位」，跟專案規畫有關係嗎？我認為當然有關係。因為他處理投影機的細膩度，不就是他工作能力的一部分嗎？

雖然客戶沒有說出口，但是這些扣分的表現，肯定也影響客戶對他的評價。至於他的老闆，雖然在客戶面前留面子，沒有破口大罵，但我已經可以從他老闆的表情，想像會後檢討的狀況了。

德國詩人貝托爾特·布萊希特（Bertolt Brecht）曾經說：「聰明不代表不會犯錯，而是立即察覺出，如何從中獲益。」（Intelligence is not to make no mistakes, but to see quickly how to make them good.）

在這個慘烈的教訓中，我只是旁觀者，不過從此我看到投影機，都會想到這件事。從他的錯誤我深刻了解到，事前確認硬體設備有多重要。那些看似操作簡單的按鈕背後，有可能讓你贏得專業的美名，也有可能搞砸一場簡報。

實際上，一場專業的簡報，包含許多場地、設備、輔助工具的細節，這些都需要事先確認，我將需要在簡報前確認的項目彙整如下一頁圖表2-5，你也可以使用這張表格，在報告前再次確認。

圖表 2-5 上臺前務必檢查的硬體設備清單

項目	注意事項	確認欄
投影機	如何調整投影畫面大小、角度、亮度？ 中途若要暫停播放，如何切換到休眠模式？ 若是投影機操作臨時出狀況，誰最適合協助排除？	
投影布幕	布幕後方是否有白板可以使用？ 簡報過程如果要使用後方白板，布幕如何升起、放下？	
投影筆	投影點、投影片換頁等功能如何操作？ 現場是否有備用電池？	
白板	白板筆的墨水是否充足？ 最後方的聽眾是否看得清楚白板上的字？ 事先思考，哪些內容適合拉到白板上書寫，轉換聽眾的注意力？	
電腦	若使用自己攜帶的筆記型電腦，訊號輸出接頭與投影機是否相容？ 現場是否有備用的電腦？以備不時之需。	
麥克風	如何調整音量的大小？ 現場是否有備用電池？	
喇叭音響	簡報內容是否有影片需要播放？ 影片檔案由現場音響設備輸出，聲音是否正常？	
輔助海報	簡報內容是否有輔助的海報要展示？ 現場是否有海報架，或是將海報以膠帶、磁鐵固定在白板上？	
時鐘	現場是否有時鐘，以利講者掌握時間？ 聽眾席中誰可以提醒講者時間？	
其他	簡報過程是否用到其他物品？例如：樣品、設計圖、書面資料等。	

第三章

越專業的報告越該大白話，不妨編個故事

1 怎麼讓聽眾能記住關鍵字，腦中有畫面？

很多概念性的敘述難令聽眾留下印象，是因為他們腦海中沒有任何「畫面」，給一個畫面，就可以帶領他們看見新視野。

B2B簡報難免會遇到較複雜或抽象的題目，因為跟我們的生活經驗沒有太大關聯，以至聽者不容易理解內容。舉例來說，工程師要介紹電子產品的設計理念，由於多數人平常少有機會接觸IC、印刷電路板、連接器等，如果把研發部門的內部語言拿出來做簡報，溝通效果肯定不好。

此時如果能運用比喻和故事，把艱深難懂的概念重新包裝，就能讓專業知識變得更平易近人。我在中華民國對外貿易發展協會（以下簡稱貿協）授課時，有一組學員讓我印象深刻，他們的題目是「法藍瓷」。

用生活體驗翻譯陌生領域詞彙

「法藍瓷」（Franz）是創辦人陳立恆先生的德文譯名，意思是無拘無束、充滿創意，這樣的理念充分反映在產品上。在許多商場的法藍瓷專櫃，遠遠就可以看到顏色繽紛、造型多樣的瓷器產品，真可算得上是視覺饗宴。這個成立於二〇〇一年的本土品牌，在國內外獲獎無數，是不折不扣的臺灣之光。

這組學員一開始，在投影片放上法藍瓷的瓷器照片，馬上成功吸引臺下的目光，大家的注意力都非常集中。沒多久進入到「製作過程」的部分，他們真正的簡報挑戰才開始。

一般瓷器在量產過程，會以「石膏模」來翻製成型，由於石膏屬於脆弱的材質，倒勾的部分在脫模時容易卡住、損毀，因此傳統的瓷器外型不能使用倒勾設計，造成外型設計時的種種限制。法藍瓷之所以有許多細膩的造型，是因為使用獨家的「倒角脫模法」，突破了數百年來陶瓷器量產時的外型限制。

很顯然「倒角脫模法」是這次簡報的關鍵，但是這個概念太抽象了，儘管簡報者站在產品照片前面賣力的解說，我卻感覺臺下的注意力開始渙散。畢竟現場聽眾沒有辦法被「拉」到生產製造的現場，只憑一張照片和簡報者平鋪直敘的說明，很難理解簡報內容。

簡報結束，為了考一考現場聽眾的「記憶力」，我問：「大家還記不記得法藍瓷最核心的技術是什麼？」

臺下聽眾交頭接耳了一陣子，總算有人想起「倒角脫模法」這個專有名詞。我接著問：「那麼，有人可以用白話一點的方式，說明它是什麼嗎？」

這次可真的考倒大家了，簡報才剛結束不到一分鐘，但是在場將近五十名聽眾，竟然沒有人可以重述一次剛才的內容。其實，這正是我要學員了解的事實：聽眾無法對概念性的敘述留下印象，因為他們腦海中沒有任何「畫面」。

「現在接近中午了，你們這一組利用午餐時間討論看看，如果再報告一次倒角脫模法，你們打算用什麼比喻或故事，讓聽眾更容易理解？」他們可能還沒有很明確的答案，但是顯得躍躍欲試，一口就答應我。

用「倒布丁」解釋「脫模」，一點就通

午休過後，大家都很期待新版本的「倒角脫模法」會怎麼呈現，我讓他們第一個上臺，限時三分鐘、再報告一次這個概念。

簡報者一上臺就拿出一盒未開封的「布丁」，撕開後倒在另一個盤子上，同時一邊說著：「大家小時候都有把布丁『倒』出來的經驗吧，如果看到布丁的形狀還保持完整，是不是會很開心呢？」

「倒布丁這個動作，就好像瓷器製作過程的脫模一樣，法藍瓷獨家的倒角脫模法，讓你像吃到完美布丁那樣開心！」講到這裡臺下一片掌聲，我知道他換成「布丁」這個開場白，已經讓接下來的簡報效果完全不同了。

不斷嘗試「給觀眾一個畫面」，其實也是強迫自己在準備簡報過程，濃縮、歸納我們要強調的重點。不管是多麼複雜艱深的內容，只要你找到那一個「對的畫面」，再將它包裝成淺顯易懂的故事，簡報效果將大不相同。

2 反向點題，常識就變成新鮮事

急著把好處跟別人說，常落得老生常談俗套，
反向切入，反而能引起更多共鳴，
領會「反面點題」，你也可以跟名導演李安一樣。

在這個科技發達的時代，「老王賣瓜」要比十年前容易得多。不管是網站、社群媒體、影音平臺等，都可以在很短的時間內產出行銷內容。閱聽大眾在這種環境下被「轟炸」久了，對平鋪直敘的主題較不感興趣。

簡報與演說也是，太多時候我們急於把一件事情的好處跟別人說，落得老生常談的評價，無法引起聽者的興趣。如果換個角度，以反向的論述切入，反而更能引起別人的共鳴，這就是「反面點題」的妙處。

享譽國際影壇的大導演李安，有一次受邀到臺北演講。想當然耳，多數人都期待

聽到他分享成功的經驗。如果你是主辦單位，會給這樣的活動取一個什麼名字呢？大概是跟「成功」有關的主題，才比較名副其實。

然而，論壇的題目卻出乎所有人的意料之外，取名為「脆弱」。李安解釋，他因為坦然面對自己脆弱的一面，所以才找到堅強。李安也自認為「脆弱」是他的本質，只是他不知道在脆弱的另一面，他可以用戲劇的方式表現得這麼傑出。

毫無疑問的，李安的電影作品總是呈現出十足的韌性，而他的成就跟「脆弱」一點也沾不上邊。正因為如此，「脆弱」這個主題緊緊抓住了聽眾，我認為它也緊緊抓住了講者，讓李安暢所欲言的談論他不為人知的一面。這真是一個扣人心弦的題目，更是「反向點題」的絕佳例子。

倒著來比較強，小清新大激盪

舉例來說，如果你的簡報主題是「工廠如何實施節能減碳」，正面破題當然就是說明各種節能減碳的做法跟好處，但是相關內容聽多了，可能已經讓人無感。反面點題的方式就是說明：「不節能減碳會怎樣？」你可以舉一些浪費能源的實際案例，讓人知道有多少金錢平白損失。或者，依據目前浪費能源的情況持續下去，再過不久就會面臨到的環境和個人危害等。

反向點題，可以引起人們的注意、激盪更多思考，不管是演講主軸的設定，或是簡報過程即興的論述、舉例等，都是很值得運用的技巧。

體會到這個技巧，下一次當你進行任何主題、論點的簡報，記得時常「倒過來想」。要介紹產品的某項特點和優點，先說「沒有它會怎麼樣」；談論某個成功的企業案例，先找一些同產業失敗的例子；希望聽眾認同一件事，先思考那些「不認同的人」可能會怎麼想。

反面點題不只對聽眾有效果，也會讓我們在整理思緒時，把觀點想得更仔細、更透澈，一舉數得。

圖表 3-1　反向點題，已知的事變新鮮事

範例：工廠如何實施節能減碳

正面論述

- 需要節能減碳的原因。

  例：地球只有一個、為了保護下一代等。
- 節能減碳的好處。
- 節能減碳的具體方法。

↓

過於平鋪直敘，聽眾轉眼間就忘了。

反向點題

- 不節能減碳會怎樣？

  例：每天讓水龍頭的水多流 3 分鐘，每個月的水費就會增加〇〇元。
- 節能減碳的好處。
- 節能減碳的具體方法。

↓

從反向破題，讓同一件事有了新的切入點，聽眾就有記憶點。

3 刪去華麗辭藻，你的經驗更能引起共鳴

最能打動自己、打動別人的故事，永遠是當下真實發生的觸動，而不是精心預設的劇本，這也是成功簡報的關鍵。

一定要有驚為天人的際遇，才能說出好故事？那可不；很多人認為自己的經驗平凡，似乎找不到故事的題材。其實我認為「故事」的本質，就是給聽眾一個畫面、一個場景，讓他們能輕鬆的接收到你要傳達的觀念，而不是非得上山下海、驚滔駭浪的事情才能變成故事。

有一次我到上海，為一家美國調味料廠商做銷售部門的培訓。這家美國公司有將近百年的歷史，在亞洲餐飲食材業界有很好的口碑，正積極擴張市場。

由於投注很高的資源和人力在產品研發、品管，他們的調味料和同業相比，價格也較高。因此我設計的培訓課程重點，就放在如何讓業務人員凸顯自家「價值」，而不受困於客戶提出的價格議題。

和多數有經驗的B2B銷售人員一樣，當你越深入行業內的交易與生態，你的思維就越容易受限於業界的既有規則。例如，調味粉的行情、價格帶，採購人員的議價策略等。

因此我一直在思考，該如何打破他們對價格的僵化認知，不要被行業內的框架給限制了。第一天的課程結束，我獨自到飯店外的街上用餐，邊走邊想這件事。

上海的飲食和臺北還是差異頗大，我走過好幾十間餐廳和小吃店面，都找不到中意的。我很在意餐飲的口味，因為選到不合口味的晚餐，除了浪費食物與金錢，還會破壞整晚的好心情。

走著走著，一家陝西風味的麵館吸引了我的目光。不是牆上的菜單，而是放在桌上的那一罐小小辣椒醬吸引了我。從調味罐瓶身，我一眼就看出，那和臺北麵館的辣椒醬一模一樣。沒有猶豫，我甚至連店家到底賣什麼麵都沒仔細看，就走進麵館。

怎麼與聽眾連結？用共同經驗

第二天上課，我把前一晚的用餐經驗跟學員分享。

「一個人出差在外用餐，往往只是要一份熟悉和安心的感覺，昨天晚上把我『拉進』餐廳的，不是什麼奢侈的菜單或華麗的裝潢，而是一罐不起眼的辣椒醬。」

大家聽了頻頻點頭，我接著說：「昨天那一碗二十三元人民幣（約新臺幣一百零六元）的羊肉麵，我猜成本最貴的是羊肉，再來是麵條跟湯底。但是真正留住我的，其實是那半匙辣椒醬。如果麵館老闆能看穿我這種顧客的心思，就不會以『價格』，作為選擇調味料的唯一標準了。」

聽完我前一晚的用餐經驗，學員紛紛跳出來幫我補充說明，這是我獲得的共鳴最熱烈的一個故事，卻不是我事先就準備好的課程內容。出發前，我根本不知道我會在第一天晚上，走進一間陝西風味麵館。

最能夠打動自己、打動別人的故事，永遠是從當下的真實經驗中產生，而不是精心鋪陳的劇本。

再者，各位發現了嗎？它根本不是什麼了不起的大事，不過就是晚餐時間的一個念頭而已。重點在於我們有沒有用心去感受跟理解，我們所要演講、簡報的內容，是否它連結到原本平淡無奇的生活經驗。

我在兩天的課程中，講述了多種不同的銷售策略、銷售技巧，也談論了擺脫價格、聚焦價值的心法與方法。但是這麼多內容，恐怕還不及一罐辣椒醬帶給他們的深刻印象，這就是故事的威力。

4 能用非專業解釋專業，才是真工夫

商務場合得排除主觀情緒，
但絕非不帶任何情感，能感性的說明冰冷的資料，
才是業務的專業。

不可諱言，大部分商務簡報的主題偏向理性，像是對客戶、供應商、合作夥伴的提案，或是公司內部的週會、月會、專案會議等，它們都有一個嚴謹的目的。但是如果理性過頭了，使得簡報場合的氣氛太過嚴肅，就達不到「溝通」的效果。

例如，你打算向各部門進行一場品質改善檢討報告，但是一開場就秀出賠償金額、關鍵績效指標（ＫＰＩ）等數字，好像是找大家來「算帳」的。

可以斷言，這很難成為一場成功的簡報，最後可能流於責任推拖，或是更糟糕、沒人願意發表意見。如同我所強調的，簡報時如果沒有互動、缺乏溝通，那不如發資

料給與會者自己看就好。

面對面就是要起化學作用

所以塑造正確的氛圍，比精美的用字遣詞重要。而塑造氛圍是一種感性的技巧，它需要對簡報主題、聽眾特性、簡報目的，有深入的理解和敏銳的嗅覺。以下針對幾種常見的簡報、演講、會議類型，列舉了幾種理性和感性的切入點。我再次強調，理性的內容是骨幹，感性的氛圍是潤滑劑、催化劑，兩者相輔相成、缺一不可。

一、新產品介紹

● 理性：

1. 整體市場規模、成長潛力分析。
2. 目標顧客的特性。
3. 產品的特色、優勢與效益。
4. 產品訂價與促銷策略。

● 感性：

「本公司過去因為某一款產品的成功，帶動整體營運規模的大幅成長，以及公司發展的榮景。在競爭激烈、需求低迷、市場挑戰越來越嚴苛的今日，我們期待這一款新產品可以再創佳績、提振我們的士氣，讓團隊找回昔日的榮耀！」

二、專案會議

● 理性：

1. 專案目標。
2. 客戶需求說明。
3. 專案團隊成員。
4. 專案時程規畫。

● 感性：

「這次專案的完成期限還有兩個月，看起來時間很充裕，事實上要進行的工作非常繁雜，將會是很大的挑戰。但是去年我們成功克服時間壓力，完成A客戶的專案，給我很大的信心。希望我們繼續發揮堅強的團隊戰力，再一次達成任務！」

三、求職者面試自我介紹

● 理性：

1. 家庭與教育背景。
2. 工作經驗。
3. 曾經執行過的專案內容。
4. 對應徵公司及所屬產業的認識。
5. 自認可以為公司帶來的貢獻為何。

● 感性：

「我在研究所時期曾經以貴公司的產品為主題，進行行銷策略的分析研究，對貴公司創新、開放的組織文化非常嚮往，想不到幾年後有機會來貴公司面試。經過進一步了解，我有信心可以運用過去的專業經驗，為貴公司的行銷部門做出貢獻。」

四、部門月會

● 理性：

1. 上次月會決議事項追蹤檢討。

2. 部門關鍵績效指標檢視。
3. 重要專案進度報告。
4. 待辦事項確認。

● 感性：

「過去一個月大家都承受了很大的壓力，一方面要回應客戶快速交貨的要求，一方面又要協調生產部門幫忙，常常扮演吃力不討好、兩邊不是人的角色。沒有各位的努力，我們也不會有如期達標的成果。剛才投影片上的數字，背後代表多少汗水甚至淚水，我絕對感同身受，讓我們給自己再一次掌聲。」

五、向客戶報告品質問題的矯正措施

● 理性：

1. 品質問題原因分析。
2. 可能造成的損失估計。
3. 現行補救措施與未來預防對策。

● 感性：

「對這次品質問題造成的損失，我們真的感到非常抱歉。身為專案經理，我向您保證，我一定會親自監督與落實上述的矯正措施，並定期向您們回報。我們一定會加倍努力，來贏回客戶的信任。」

人的左腦掌管的是文字、數字、邏輯的處理，比較偏向「理性」的一方；而右腦負責圖像、聲音、創造力，則是偏向「感性」的一方。我看過非常多簡報，幾乎每個人的風格或多或少，都會偏向理性或者感性的一邊。

過度理性的人，簡報時表情太少，不管談正面或負面的內容，都感覺不出什麼情緒。而過度感性的人，又可能有失焦、離題的風險。過與不及都不好，理性與感性應該取得適當的平衡。

5 如何互動？口頭討論，不如一起作畫

有一流的微軟工具，卻寫不出像樣的筆記？
講者若能在說明概念時帶上畫面，
就是幫聽眾重新整理思緒。

在說話、簡報或會議的場合，只要現場有白板或白紙，我的習慣就是**把概念畫出來**，那怕只是一個簡單的幾何圖形、搭配幾個關鍵字，都能有效的凸顯出議題的結構是什麼。即使手邊沒有紙筆能將概念圖像化，我的心中也都盡可能產出「一個畫面」，照著畫面裡的結構、邏輯來表達，說與聽的人都輕鬆得多。

舉例來說，要在會議上帶領大家，討論一個因品質問題而產生的客訴處理時，投影片上秀出來的雖然只是客訴單，但是身為會議主席，我腦海中便有現場的實際畫面，包括：產品的外觀，產品在生產線上會經過的製程，到了出貨檢驗之前，會經過

哪幾道關卡等。

這算是另一種「空間感」，亦即講者對實際事物、流程如數家珍，還能隨時對人勾勒還原現場空間，這就是簡報的實力。

我在貿協講授簡報技巧時，印象最深刻的，是一位課堂中沒有太多互動，但是課程結束一年多後，傳了一個訊息給我的學員。她說一年多前上完簡報課程後，便一直都在練習相關的技巧，後來到了巴西公司實習時，她的簡報表現大獲主管好評。

善用記憶工具，是為了訓練邏輯思考

最讓我驚訝的是，她傳了一年多前的課後筆記給我，那是一張歸納課程重點的「心智圖」。她用自己的邏輯，把我的課程整理成自己的架構。我相信她在建構這張心智圖時，不但內化、深化其中的許多觀念，而且經過自己整理的結構，一定會留下很深刻的印象，上臺簡報時更可以發揮自如。

除了心智圖外，「電子白板」也是越來越成熟的產品，我認為很適合用在小型會議和簡報。有些人把電子白板的主要好處，定義在「快速記錄存檔」，我倒不這麼想。在科技這麼發達的今日，人們不缺資訊存檔的工具，缺的是邏輯思考的訓練。

電子白板因為很「吸睛」，簡報者或會議主持人很容易抓住臺下目光，進一步邀請他們，**把想法也畫或寫出來**。有時候只是簡單的幾個字、箭頭、圖形，都在刺激我們的思考和溝通，我認為幫助很大。

我要再次強調，一位好的簡報者、會議主持人或領導者，就是有效建立「議題結構」的那個人。因為只有在好的結構下，才會有好的互動交流，團隊的智慧才會激發、釋放出來。

圖表 3-2 免費心智圖下載連結

軟體名稱	官網
FreeMind	http://freemind.sourceforge.net
XMind	http://www.xmind.net
Cayra	http://cayra.net

6 警告，比說教更容易留在對方心裡

反派角色讓人恨得牙癢癢，
簡報方式也一樣，說教沒人愛，
點出風險，讓人不記住都難。

想在聽眾的心中植入一個觀點，光靠「陳述事實」是不夠的，因為它四平八穩。從無到有建立任何一種觀點，都需要更完整的地基。而另一塊拼圖，就是「警告」。

某次我參加一場研討會，臺上講者正在報告「工業安全」的主題，他以某一個工廠的生產線為例，列舉了許多人員訓練、機器操作、環境管理上要注意的事項。

我不熟悉工安領域的專業，因此聽起來是津津有味，覺得受益良多。可是，我觀察到在座那些資深的產線主管，大概是類似的內容已經聽太多了，都沒有太熱烈的回應，有幾位主管還不時低頭滑手機。

我可以感受到臺上講者的熱忱，他確實很想把「該怎麼做」傳達給聽眾。但是這些經驗老到的主管，在各自崗位每天接觸的都是「該怎麼做」，他們的意興闌珊也讓人可以理解。這一冷、一熱的落差，就在會場這麼持續上演著。

不這樣做會怎樣？恐嚇比規勸有威力

你我都有過這樣的經驗，即便我們說的內容再怎麼正確、實用和重要，但是講者與聽眾之間溝通能量的高低，是騙不了人的。這場工安議題的演講，臺上與臺下的連結性和溝通氛圍開始有了改變，是講者從「該怎麼做」，談到「不做會怎樣」開始。

投影片展示了一張電線走火、機器爆炸後滿目瘡痍的照片，立刻抓住所有人的目光。接著講者解釋，這次災難是因為一個基本動作不到位所致。此時演講已經進行了一個多小時，我才看到第一位提問的聽眾舉手。

這位聽眾詢問安全裝置的操作方式，和臺上講者一來一回的對話，其他人都關注著他們兩位的討論。頓時間，我才感覺會場真正開始進行「雙向」的交流。此時，講者笑著說：「其實這些內容我剛才都說明過，沒關係，讓我們再回到前幾頁。」

當講者把投影片切換到先前的頁面，聽眾的專注力和投入程度已經截然不同了，即使那是半小時前一模一樣的內容。很顯然在加入「反向論述」，也就是「不做會怎樣」之後，講者的影響力才真正進入聽眾席。

事實上，反向論述從來不會「削弱」正向論述的力道。相反的，它是正向論述最佳的助燃劑和助選員。正、反論述兼具之後，才會形成堅實的論點和高效的溝通。

7 簡報可以套公式，但舉例要跟著聽眾微調

理論和案例，就像簡報的兩個「頻道」，懂得在兩個頻道間，自在的交互切換，就能讓聽眾見樹又見林。

「案例」就是故事，永遠是一場簡報、演講裡，最容易吸引聽眾的部分。我記得學生時代，課堂上只要老師講授太多理論，我的注意力就會快速下降。但是每當聽到「舉例來說……」、「告訴大家一個實際的例子……」、「有一個故事是這樣說的……」我飄走的心思又會回到教室裡。

B2B簡報以達到商業目的為主，例如：凸顯本公司的技術優勢、介紹新產品的三大賣點、說明新的商業模式和合作機會等，因此重要的是有一個清晰的框架。「給

框架」就像鋪陳一個理論、一個觀念，需要以精簡文字歸納出結論。

給出精簡的理論和結論，可以有效引起聽眾的興趣，並協助他們聚焦和思考。試想一下，商業上受歡迎的SWOT、4P、五力分析，事實上並沒有太多艱深的知識在其中，卻能有效率的建立起一個討論議題的框架，這就是理論（框架）的好處。

舉例來說，在講授「SPIN」銷售提問術時，我為理論架構整理出一個口訣「少、廣、到、無」，分別代表的是：

- 少：情境性問題（Situation Question）要減「少」。
- 廣：探索性問題（Problem Question）的範圍要越「廣」越好。
- 到：暗示性問題（Implication Question）要問「到」位。
- 無：解決性問題（Need-payoff Question）要出於「無」形。

情境性問題就是私人喜好，適可而止

但是光說理論，肯定無法讓所有人理解。好比「情境性問題要少」，字面上的意思人人都懂，實際的內涵可能就一知半解，因此需要舉這樣的例子說明：

「有一次，我在賣場的服飾店看衣服，銷售員一見到我，就問了許多情境性問題，像是：我喜歡的顏色、款式，我打算穿著的場合，準備多少預算等。原本是悠閒的逛街時間，突然間我好像被『拷問』一樣。所以各位在提出情境性問題時一定要注意，避免讓顧客有這種不愉快的感覺。」

連續說太多理論，就要穿插幾個案例、故事來說明。而故事講得再精采、再引人入勝，也別忘了要回到理論架構，告訴聽眾剛才的故事是在說明什麼觀念。

我感覺理論和案例，就像簡報時的兩種「頻道」（channel）一樣。好的講者會在兩種頻道之間，自然的交互切換。談案例就像引人「見樹」，從貼近務實的觀點來闡述；談理論就像引人「見林」，拉高到比較宏觀的角度看事情。見樹又見林，就是成功的簡報。

8 別當公司的代言人，而是問題解決專家

溝通第一步：了解對方怎麼想，

關鍵字：他，先把自己變成他，

每天開會談調整心態，不如接地氣的實做。

商務簡報的最主要目的，就是溝通。因此，無論對象是大老闆、專業人士，還是基層員工，場合是對內還是對外。重點都該擺在如何讓對方願意參與討論。但如果對方已有預設立場，要怎麼做才能打開溝通之門？

臺灣通過〈營業祕密保護法〉之後，對於公司營業祕密的保護，有更嚴謹的規範，它的立意絕對是正面的。但是要加強對員工的規範，在實務上是一大挑戰。

若是溝通不良，員工不會感受來自經營者的「善意」，反而只會感受來自資方的

「壓力」，未蒙其利、先受其害。管理者的價值觀、溝通技巧，將會產生截然不同的結果。

當時我輔導的一家公司，曾經因為離職的業務人員帶走客戶資料，造成公司的營業損失，所以法務部門就依據剛上路的法規，擬定了一份「營業祕密保護契約」，要求所有在職的業務部同仁簽屬。負責執行這項新規定的人資經理感到非常困擾，於是來找我討論。

她告訴我：「這份契約明訂，若是員工離職後私自帶走公司營業祕密，造成公司任何形式的損失，都將自願接受懲罰性罰款。要向業務同仁說明這樣的內容，又要說服他們接受，實在是一大挑戰。」

的確，沒有人喜歡被罰款，也不會有人看到這樣的契約內容後，會有太多正面的回應。我問她，打算如何向業務部同仁做簡報，要以什麼角度切入。

投石是為問路，不是走個過場

她試著提出幾種說法。

說法一：「各位業務同仁，這份契約其實是律師協助擬定的，希望大家可以配合我，謝謝。」

說法二：「我知道大家看到內容後，可能有所疑慮，但是願意全力配合的同仁，一定可以在老闆心中留下好印象的。」

說法三：「罰款是針對那些不守法的同仁，大家不必擔心，即使簽了契約，這條罰則也跟你無關。」

這是她能想到的幾種說法，但是她連自己都無法說服、面有難色的對我說：「老實說，同仁若是提出異議，我真的不知道該如何應對。」

為什麼這是場困難的溝通？因為做簡報的人，被冠上了一個「資方代言人」的大帽子，連負責說明的人資經理，自己也有這種感覺。這是一個非常實際的例子，說明要把簡報做好，「心態」比「技巧」重要。若是自己都擺脫不了「資方代言人」的心態，那麼使用再多說話技巧，試著緩和氣氛、討好別人，都於事無補。

社內溝通不是宣導法規，而是解決問題

我們花了一些時間討論，該如何找到「對的心態」。我問她，這一份契約是不是真的能讓公司得到更多保障？過去處理過不少公司營業利益受到損害的個案，她很明

確的告訴我，這份契約確實可以讓公司降低風險。所以回歸到法務、人資的專業，她是認同這份契約的。

但是為什麼面對同仁時，她又覺得是份困難的差事，原因就在於她找不到「利他」的心態，她只是單方面從法規執行者的角度，來思考如何完成這件事，那當然就只有「利己」了。當你帶著「利己」的心態上臺簡報，臺下的聽眾也會有同樣的感覺，這從來都騙不了人。

於是我進一步問她，既然對公司更有保障、更有利，那麼公司經營得更穩健，對於在這裡工作的員工，是不是一件好事？她毫不猶豫的點頭。我們一步一步把心態從利己調整到利他，最終擬定的簡報開場是這樣的：

「各位同仁，法務部門和人力資源部門最重要的任務，是確保公司營運的穩定。公司就像一艘大船，你我都是在這艘船上共同努力划槳的人。我所負責的工作，就是確保這艘船的堅固，因為這代表船上數百名員工和家庭的安定。」

「因此，若是這艘船暴露在風險之下，造成公司營運的不穩定，那也可以說是我的失職。我一定竭盡所能讓這艘船堅固，如同我剛才說的，因為我自己跟大家是在同一艘船上。」

當我請她依照這樣的邏輯，預先演練說明給我聽時，她簡報的態度、甚至眼神都不一樣了，因為一旦內心找到「利他」的切入點，成功的簡報就水到渠成了。

下一次進行這種困難的簡報之前，別忘了先找到對的心態。心態對了，技巧也不重要了。相反的，找不到對的心態，再多技巧也於事無補。

第四章

簡報靠技巧，但互動更重要

1 開場五招，順利破冰

人與人之間，給對方的第一印象，
只有一次機會，簡報也是。
好的開場，不只能為整場簡報加分，
更是你站在臺前的自信來源。

一個成功的開場，不但讓聽眾對簡報者有好印象；對講者來說，也能建立自信，有助於順利完成報告。相反的，如果開場搞砸了，聽眾和講者都得花很大心力，才能扭轉失落、失望的心情，也容易錯過簡報的重點。

換言之，開場雖然只有短短幾分鐘，但是它的成功與失敗所帶來的影響，都會放大到整場簡報。

開場有很多不同方式，有人單刀直入、馬上進入正題，有些人喜歡鋪一些梗、先吊聽眾的胃口。要選擇哪一種方式並沒有標準答案，它取決於講者的習慣、談論的主題、聽眾的身分、現場的氛圍等。

現學五招，開場不再一陣尷尬

不過，開場的確是有一些原則、技巧可依循，以下我以「穿戴式裝置在運動產業的商機」為題，假定聽眾是這個產業的廠商，說明開場的原則，並示範幾種實際的話術。

一、建立講者與聽眾的關聯性

在這個影音工具、聲光效果發達的年代，我們可以接收資訊的方式太多了，為什麼要花寶貴的時間聽臺上的人簡報？答案是：「獨特性」或「關聯性」。也就是說，讓大家願意花費寶貴時間聽你說，必然是簡報內容對現場聽眾有特殊意義，否則就是講者與聽眾有特別淵源。

所以，你要找出簡報和現場人、事、時、地、物有趣或特別的地方，想辦法產生關聯，讓他們覺得大老遠跑一趟來聽簡報，跟自己坐在辦公室裡、上網看影片，收穫是不同的。

● 範例

各位來賓午安，今天很高興到新竹科學園區來向各位做簡報。每次到新竹我都有「回家」的感覺，因為十幾年前我曾在新竹求學，度過人生中最難忘的黃金時期。所以今天看到各位產業先進，我內心覺得特別親切。

二、找一句話貫穿全場

為了讓聽眾留下深刻印象，用一句話或一個觀念貫穿整場簡報，是很有效的方式。在聽眾注意力最集中的開場，把這一句話拋出來，可以刺激聽眾思考。這一句話也能幫助聽眾建立聽講的「主軸」，主軸若是設定得清楚、明確，就能有系統的歸納後續資訊，更容易整理出核心觀念。

● 範例

現場業界的先進前輩，大家好！美國華人物理學家李政道曾經說：「能正確的提出問題，就是邁出創新的第一步。」今天我們在這裡探討，穿戴式產品有什麼創新的應用，可以在運動產業挖掘出新的商機。我要借用李政道教授的這一句話，讓我們先來談談，運動產業有什麼潛在的問題，接著再說明如何用創新的科技來克服。

三、一開場就拋出問題，把能量轉回觀眾席

開場的挑戰，來自講者無法完全掌握現場狀況，而產生的緊張感。即使事前已經知道場地的配置、了解出席者有誰，但是當簡報一開始全場靜默、每個人的注意力都集中在你身上時，瞬間的壓力還是讓人緊繃。

為了舒緩這種壓力，把這股「能量」部分轉移到聽眾席、丟出「問題」，是很有效的方法。但是別忘了，這是在簡報剛開始進行時，就像運動員在暖身一樣，所以丟出的問題不宜太艱深。再者，若是聽眾第一時間沒有答案也沒關係，講者可以短暫停頓、和大家一起思考，再以自問自答的方式接續下去。

● 範例

問題一：

我們都知道穿戴式裝置（像是智慧手錶、智慧腕帶等）越來越流行，全球消費者的接受度越來越高，各位知道近三年的市場成長幅度是多少嗎？

問題二：

穿戴式裝置的應用非常多元，包括：腕帶、扣帶、手錶、服飾、鞋子等，已經有非常多廠商投入產品開發的行列。我想請在場來賓猜一猜，目前哪一項應用占市場最大宗？

問題三：

今天在場很多人都喜歡打高爾夫球，一開始我想先和大家腦力激盪，穿戴式科技如果應用在高爾夫球選手身上的話，有哪些可能性？

四、用案例單刀直入

有時候聽者是很「務實導向」的，開場過多鋪陳反而顯得拖泥帶水，這時可以直接進入一個實際案例。

● **範例**

在座有好幾位跑步機產品的專家，一開始我們先來看一個，結合藍芽裝置和跑步機的創新應用案例。

五、以故事勾起興趣

B2B簡報會提到大量的案例，但是說太多規格、數字、專有名詞，不免太過生硬。若是可以用生活化、口語化的方式先敘述一個故事，更容易在開場時，抓住聽眾的注意力。

很多人以為，故事不適合用在商業簡報這種較專業的領域，事實上正好相反。就是因為內容主軸太枯燥，更需要用故事來「調味」，讓聽眾容易消化吸收。

● 範例

各位主管好，在報告今天的主題「穿戴式裝置在運動產業的商機」之前，我要先跟大家分享一個我自己小時候的故事。

我讀小學的時候，鬼點子特別多，於是被老師派去參加科學展覽的競賽。學校發給每組同學幾顆電池、小輪子、小馬達，看看哪一組能在時間內，設計出最有創意的小車子。

因為所有人都圍繞著「車子」打轉，提出的點子大同小異，沒有令人眼睛為之一亮的作品。這時指導老師提醒我們：「結合兩種完全不同的東西，常常有意想不到的新點子。」

於是我們開始天馬行空的想，車子還可以和什麼東西連在一起。最後，我們這組決定把「車子」和「船」結合起來，設計出有「風帆」的車子。因為它的外型很突出，再加上電風扇的加持，所以跑得特別快，我們的作品獲得優勝的成績。長大後，當我需要創新的點子時，都會想起這次的比賽經驗：「結合兩種不同的東西。」

今天的簡報，我覺得自己像是帶大家重溫一次小學時的科學競賽。而我們要結合的兩種東西，一樣是我手中的這個藍芽模組，另一樣是桌上這雙球鞋，讓我們來看看可以擦出什麼火花。

根據我的經驗，如果能流利的開場，那麼報告中忘詞、腦筋打結、吃螺絲等的失誤機率，至少能降低五〇％。因此，建議大家善用這五個步驟，幫助自己建立上臺的自信，自然能做出令人驚豔的簡報。

最後，我將開場五招整理成圖表4-1，讓你也可以用簡單的口訣記住要領，完美的開場。

圖表 4-1　開場五招，用口訣完美破冰

聯
- 建立講者與聽眾的關聯性。

貫
- 找一句話貫穿全場。

問
- 一開場就拋出問題，把能量轉回觀眾席。

案
- 用案例單刀直入。

故
- 以故事勾起興趣。

2 聽眾不提問？是你得問他們「好問題」

臺上丟出有意義、切中要害的問題，
帶來臺下迫不及待的熱議，
超乎想像的回饋，值得你花時間想好問題。

既然在簡報過程保持「雙向」溝通這麼重要，實務上又該如何做到？特別是當聽眾比較內向、沒有太多情緒反應，更不會主動提問時，「唱獨角戲」肯定不會有太好的結果。

事實上，講者除了要具備「說話」的技巧，「問話」的技巧也很重要。這時有一個「好問題」，幾乎可以決定一場簡報的成敗。

有一次，我受邀到一家歷史悠久的企業演講，主題是談論「顧客導向」的重要性。由於這家公司有很多資深主管會前來聽講，我知道這是場極具挑戰性的簡報，原因有二。

首先，這是一個太「概念性」的題目，幾乎人人都了解顧客導向的重要性，因此內容若是像教科書一樣的八股、教條式的陳述，一定很難引起共鳴。簡單來說，這是一個起頭很容易、深入很困難的主題。

點出痛處是為了激發共識，不再冷漠

其次，資深的主管齊聚一堂，組織又已經大到充斥官僚主義，依我的管理經驗判斷，他們當然有人離顧客遠得很，組織內有推諉卸責是很正常的。要怎麼點出「痛處」，但是又恰到好處，不要變成指責謾罵，這中間的拿捏就必須非常小心。

雖然這種文化是負面的，但還是有很多人希望把工作做好、希望公司穩定成長。所以我告訴自己，更要善用這股「撥亂反正」的情緒，激起大家的熱情和危機意識。

思考清楚這些溝通的「基調」後，我決定把原先準備的投影片內容全部刪除。它們原本是這樣子的：

- 顧客導向的業務人員，懂得展現同理心、進行易位思考。

- 顧客導向的企業，是先思考需求在哪裡，再設計解決方案來滿足需求。
- 顧客導向是未來企業生存的命脈。

刪除的理由很簡單，在考量聽眾的背景、特性之後，我很清楚用這種方式來談論顧客導向，馬上會被定位成「理論派」的講者，很難引起共鳴。於是我花了很多時間，只為了找出一個能有效刺激思辨的「好問題」。

最終，我用這個問題來開場：「一間僅有三位員工的公司，比較容易做到顧客導向，還是有三百位員工的公司，比較容易做到顧客導向？」

這個問題一拋出來，臺下一位元老級的主管感觸特別深刻，立刻舉手發言。「二十年前我加入公司時，老闆帶著我們不到十名員工打拚。雖然當時人少、設備又簡陋，但是我們對客戶的任何要求，幾乎都能照單全收、即時回應。」他接著說：「現在公司的規模成長到數百人了，新增加了各種部門，分工越來越細，但是我們卻離客戶越來越遠。」

他敘述的狀況的確是事實，所有人面面相覷。

我把麥克風拿回來，向大家說：「這位資深主管的看法，很顯然是三人公司比較容易做到顧客導向。但是，為什麼公司有越多人手、越多資源，反而離顧客越來越遠？」

我話才說完，已經有兩三位主管舉手，他們都想反映跨部門溝通的問題。進行到此，我知道這個問題已經帶大家進入到實務情境，更重要的是，它有效刺激團隊的思考與討論，達到我設定的目標。

這個經驗一直留在我腦海中，它代表的是一個「好問題」，可以帶動好的雙向討論，講者要做的只是引導跟補充說明。所以千萬不要誤以為，有影響力的演講、簡報，就是一個人說不停。

拚命給答案，不如一個「好問題」

往後在我準備重要的演講或簡報時，幾乎有超過一半的準備時間，是在思考有哪些「好問題」。好問題不但可以刺激聽眾思考，透過自問自答的方式，也可以讓講者很容易去闡述觀念和想法。

簡而言之，好問題可以同時指引聽眾又引導講者，可以說是一舉數得。

某次我受邀主講全球產業與市場發展趨勢，以及因應的商業模式、營運策略等，以下是我為這場簡報準備的幾個問題，就穿插在我的演講投影片中。

1. 美國生產的全自動工作機，真的會被亞洲國家搶走？
2. 本公司的間接競爭者、潛在競爭者是誰？他們可能搶走哪些業務？
3. 以過去十年的趨勢來看，本公司是否用更少的資源、創造更大的產品（服務）價值？
4. 未來三年，我的客戶在哪些層面會變得更強勢、更有議價籌碼？
5. 本公司在產業鏈的關鍵價值為何？未來五年內因為「去中介化」，可能被取代的是哪個部分？
6. 線上交易崛起，對我的市場衝擊程度有多大？十年後遊戲規則會發生什麼變化？
7. 哪些社會議題可能影響本公司及所屬產業、終端市場？
8. 我的營收天花板是什麼？（例：產能、工程師人數、客服人員數量。）
9. 從「終端市場」來看，有哪些重大的問題待解決？
10. 同一家客戶經營超過十年後，我提供給客戶的哪些價值更高、服務更好了？

如先前所說明的，我花了非常多時間來設計這些看似簡單的問題，而它們帶來的互動，絕對遠超過那些教條式的內容。

3 你該互動的對象不是老闆，而是坐離你最遠的人

商場上的簡報，多半是向廠商、合作對象報告。然而一個外人，如何在最短時間內卸下老闆的心防，甚至點頭簽約？

亞洲教育體制下培養出來的人才，對於在公眾場合發言通常比較保守，畢竟在學校裡，我們總是被訓練成接受「標準答案」的機器，而不是勇於發言、思辨的人。因此我在臺灣的演講場合，面臨的最大挑戰就是，臺下的人總是「太客氣」了。

剛開始，我會把缺少互動歸咎於聽眾本身的特質，但是經驗累積多了之後，我發現要引發互動，需要很多技巧。這也是為什麼同一群人聽演講，有些講者可以引發不錯的共鳴和討論，有些講者卻得不到臺下的回應。

我認為，最大的關鍵在於如何運用各種鋪陳、肢體語言，有效降低聽眾的心理壓

力。當臺下的聽眾覺得跟臺上的講者是在「對談」，自然就願意發言。

但是如果講者向臺下聽眾提問時，讓人感覺是在考試、甚至逼問，那麼公眾場合帶來的壓力，很快會壓垮原本準備發言的聽眾。接連幾個聽眾的回應不佳，冰冷的氛圍接著壓垮的，便是臺上的講者。

五個技巧，炒熱互動不用急

以下我就用「問臺下聽眾問題」為例，說明其中蘊藏的幾個技巧。

一、在簡報初期就開始互動

如果你期待有一場互動熱烈的簡報，千萬不要在開場之後，便一個人滔滔不絕的表演。你必須在初期就表現出，你渴望聽眾給予回饋。

相反的，如果你一開始就獨自表演，讓聽眾產生「他們不必參與互動」的既定印象，後面要扭轉這樣的態度，就越來越困難。

另一方面，聽眾的情緒在一開場總是最高昂的。即使是內向害羞的群眾，也多會給講者一個熱烈的歡迎掌聲，主講人應該順勢借用這股開場的能量，立即和臺下聽眾互動。

你可以拋出自問自答的問題，也可以要求聽眾回答。當這個問題拋向臺下時，你可以選擇拋向全場聽眾，等自願的人來回應，你也可以把問題，丟給特定的一、兩位聽眾。

總之，在簡報初期就開始互動，是非常重要的第一步。你必須用行動向聽眾傳達一個訊息：「這是一場重視互動的簡報，讓我們來交流吧。」

二、從後排聽眾開始互動

每個人在學生時期應該都有這樣的經驗，越不想上課、越不敢發言的同學，會選擇教室越後排的座位。這樣的現象在出了社會之後，基本上沒有太大的改變。

為了避免這群「躲」在後排的聽眾跟全場脫離，我反而會優先關注他們。有時候我會先問後排聽眾，麥克風的音量是否適中？投影片的字會不會看不清楚？從這些「輕量級」的互動中觀察他們的反應，並從中挑選適合回答問題的對象。

所以我習慣在**簡報初期，多用一些心力在那些「難互動」的人身上**。如果連後排聽眾都願意一開始就和我對話、討論，其他聽眾自然就不成問題了。

三、問題的過程，注意肢體語言保持善意

在公眾場合被臺上的人點到名字，要求發表意見，對多數人來說絕對是一股壓力。如果這個時候，講者扳著一張撲克臉，會對聽眾造成更大的壓力。因此別忘了問問題時要保持笑容，語氣也不要太嚴肅。

另外，講者站立的位置、姿勢，也都會對聽眾產生不同的感受。對那些看起來特別內向害羞的人，我在向他們提問時，會刻意的保持一定距離，甚至一邊說話、一邊微向後退，以降低他們的恐懼感。千萬記得，演講場合中講者的一舉一動，所帶來的影響力都是倍數放大的。

四、不必急著要求聽眾回答

丟出問題後的幾秒鐘，講者最重要的任務就是觀察對方反應，並做出正確的下一步。如果這位聽眾開始回答，我們只要站在原地、仔細聆聽就好。但是，如果對方答不出來，露出「讓我想想」的表情，講者就要趕快幫忙緩頰，為他多爭取一些思考的時間。

這時候如果盯著他看，只會讓他更著急、更想不出來。這時我會故意轉向其他方向，邊走邊重述一次問題，然後說：「這個問題沒有絕對的答案，各位只要把心裡的

想法說出來就好。」這麼說的用意是降低講者的「權威感」，鼓勵各種意見都能被提出來。

五、幫答不出來的人轉移焦點

即使運用了許多技巧，還是有可能遇到回答不出來的聽眾。這時候我不會強迫對方一定要給答案，否則當場面僵住，代表的不只是聽眾反應不夠，更顯示出講者的場面控制能力不佳。所以在每次提問時，我早已經準備好，對方答不出來時的「備案」是什麼。

我可能會立即請另一位比較外向的聽眾回答，或是轉而向全場聽眾發問，講者也可以自問自答。總之，要快速的把焦點，從這位答不出來的聽眾身上移開，幫他化解尷尬。當我們這麼做的時候，所有聽眾都看在眼裡，他們可能會想：「即使答不出來，這位講者也能流暢的進行下去。在這個場合發言，應該不會太有壓力。」

4 急著把全部內容說完，不如好好把重點說進人心

講究細節卻因小失大，讓人無言，
商業簡報關乎大事，不必太拘小節，
先講結論、再談細節，是最中肯的建議。

某次我去參加一場研討會，臺上坐了正在經營中、南美洲市場的廠商，和臺下數十家與會廠商一起討論可能的合作機會。

臺下某一家廠商舉手詢問：「現在進口A產品到中、南美洲，是不是一個好機會？」這個問題一丟出來，很多廠商看起來都很感興趣，紛紛交頭接耳，並引頸期待臺上的回答。

在座都不是小職員，講太細令人煩

臺上的廠商回答：「我的公司目前進口數十種產品到中、南美洲，所以在海關程序上經驗豐富。A產品主要會面臨幾個報關的問題……」接著，他把報關可能造成拖延的因素、隱藏成本等拿出來說明，還舉了貨物稅則的實際案例。

由於他的說明實在太「細」了，還跟提問者一來一回，討論非常瑣碎的執行細節，整整十分鐘的時間過去，但是他還是沒有給這個問題一個明確的答案。臺下原本興致高昂的其他廠商，開始有人翻閱手上資料，或者各自交談起來。

眼看場面有些凌亂，臺上主持人忍不住拿起麥克風問：「所以您的意思是，不建議把A產品引進中南美洲嗎？」

這位廠商回答：「也不能這麼說，雖然報關程序複雜，但是A產品的市場需求很大。事實上，我們公司正想要找合作夥伴。」聽到這裡，我差點從椅子上跌下來。他花了十分鐘的時間講「細節」，更糟糕的是，這些細節誤導了聽眾，把大家帶到相反的結論去。

主持人聽到他的回答，急忙要把失去耐心的聽眾拉回來，可是已經來不及了。有些人早已開始做自己的事，某些人甚至已離席。而這些人在十分鐘之前，其實對A

產品充滿興趣。

先扼要的講結論，才是含金量最高的

有了這次經驗，我深刻體認到「先講結論、再談細節」的重要。特別是在簡報、演講的公眾場合，面對的是一群人和他們寶貴的時間，和一對一的私下聊天不同。講者必須先將簡化過的結論說在前頭，後續才和聽眾互動，決定哪些細節該說、哪些細節可以跳過，也就是「由簡入繁」的概念。

看到這裡，或許有些人還是覺得似懂非懂，以下我透過三個具體的例子，示範如何「先講結論，再談細節」。

● **案例一：**

「A產品在中、南美洲市場的確大有可為，未來三年是非常好的投資時機！」——**結論**。

「但是，為什麼一般人沒有注意到這麼好的機會？那是因為不熟悉進出口流程，所產生的疑慮甚至誤解。其實只要知道風險是什麼，就可以有效因應。現在讓我為各位介紹，幾個常見的案例和解決方案。」——**細節**。

● **案例二：**

「經過多方綜合評估，我們建議採取A方案。」——**結論**。

「我知道很多人認為A方案的成本偏高，但是它帶來的三大效益，明顯超過成本。以下讓我從硬體、軟體、品牌這三個面向來向各位說明。」——**細節**。

● **案例三：**

「今天簡報的主要目的，是讓各位了解目前製程的關鍵瓶頸是什麼，期待我們共同努力突破。」——**結論**。

「這場簡報共分為四個單元，分別是基礎技術概念、產品推廣策略與第一季的目標，最後就是簡報的重頭戲『關鍵瓶頸的說明與討論』。」——**細節**。

對演講技巧的最佳考驗，我認為不是在熱烈的開場，也不是在漂亮的結尾，而是回答問題。從講者應對問題的方式，更可以驗證他邏輯思考、歸納簡化的能力。因為瑣碎的細節大家都會說，但是扼要的結論，可不是人人都能提得出來。

5 你盡責說完自己想表達的，通常換來一句：「我會考慮看看。」

在費心說話、表達的同時，更要觀察聽眾反應、感受現場氛圍，畢竟你不是來演獨角戲的。

擁有好口才，是不是就能進行一場好的簡報跟演講？其實未必。因為口才指的是「單向」的表達技巧，但成功的公眾演說應該是「雙向」的。

有一年，我在資訊產品展，見識到一位口才極佳的業務人員。他的攤位上擺了一款穿戴式裝置，讓一般人在運動時，能清楚掌握心跳、脈搏等狀況。由於產品外型很吸睛，經過攤位的參觀者，大多會停下腳步聽他的介紹。

第一次聽他做產品簡報，我對他的口條流利、咬字清楚、節奏明快感到非常驚豔。他不但對產品的規格、特性倒背如流，而且針對顧客可能提出的問題，也有充足的準備。

例如，他說：「有這麼多功能需要跟手機連線，各位一定很關心它的傳輸效率，對不對？讓我進一步說明。」我感覺他不僅把產品的優點介紹的很生動，也站在使用者的角度思考問題，而且主動提出說明，幾乎可以稱之為無懈可擊的簡報。

簡報不是背臺詞，不能都用同一套

然而，我對他的好印象，在重複看他對第二、第三批參觀者做簡報之後，一點一滴的打折扣。為什麼？因為我發現不管對象是誰，他的簡報內容、自問自答的題目，幾乎如出一轍。

照理說，同一款穿戴式裝置對不同使用者的賣點，應該要不同才對。例如年紀較大的長輩，在乎操作是不是簡單易懂，年輕人則比較關心有什麼擴充功能。但是他卻用完全一樣的內容、方式做簡報。

頓時間，我覺得剛才他那些富有同理心的說明，原來只是一套完美彩排過的臺詞而已。

果不其然，一位參觀者提出問題：「這個產品的充電線接頭比較特殊，是不是外出使用時可能會不方便？」顯然這是他沒有意料到的問題，他不但無法直接回答重點，剛才自信的態度也頓時消失，完全暴露出他的專業知識、自信心都不足。

所以我認為一場成功的簡報，一定要有「單向」和「雙向」的平衡。引人入勝、觸動人心的表達技巧當然可以加分，但是千萬不要落入獨角戲式的表演。

我相信這位展場的業務員，一定下了很多苦工練習，但是他忽略了一個關鍵：好的簡報不是一個人完成的，而是要結合簡報者和聽眾。

在費心說話、表達的同時，簡報者應該留一半的能量，來觀察聽眾反應、感受現場氛圍。能在單向表達和雙向互動中，取得最佳平衡，才是一場成功的簡報。

6 掌控氣氛靠提問，如何處理聽眾離題的提問？

不能讓一個冷問題凍住全場，
也不能讓不相干的問題模糊主題，
要讓全場有參與感，這才是專業。

我有幾次受《商業周刊》之邀巡迴演講的經驗，臺北場次的聽眾人數總是最多，場地也最大。在大場地演講，若是遇到聽眾提問，如何確保所有人都參與其中，是很大的挑戰。

想像一下這個畫面：一個坐滿三百人的演講廳，最右邊的座位有一名觀眾提問，此時講者理所當然要把注意力放在他的身上。但是，如果因此就把其他聽眾「晾」在一旁，即使這個問題你回答得再好，但只照顧好一個人，卻同時損失其他上百人的注意力，絕對是得不償失。

所以我的習慣是，當「右邊」有人提問，我會站在他前面專心聆聽，等他提問結束，我第一個動作就是往場地的「左邊」走。

往左邊走這個肢體語言的意思是，我希望左邊的聽眾也參與其中，我的走動肯定會引起他們的注意。

但是我又要讓右邊這位提問者，覺得我沒有忽視他，所以我會一邊走，一邊再複誦他的問題，等我走到左邊定位之後，再回頭「遙望」剛才提問的人，問他：「所以您的問題是這樣，對嗎？」

這個從右邊走到左邊的動作，一方面抓住其他聽眾的注意力，另一方面也兼顧了和提問者對話的作用。更重要的是，能不斷透過這些肢體語言來傳達一個訊息：「我希望所有人都參與其中。」這就是講者「掌控力」的展現。

用「會認真討論」的態度，把焦點拉回來

在商務簡報的過程，也可能經常被「提問」打斷。例如研發人員問了一個技術問題，可能就會把採購人員「晾」在一旁。又或者，較晚進來的與會者，因為不清楚整

場會議的主軸，提出不相干的問題，讓討論出現失焦的狀況。

身為一個可以掌控全局的簡報者，就必須判斷議題的輕重緩急，並且做出恰當的「平衡」。

所謂平衡，就是既要適時把對話「拉」到正確的方向上，又要讓「提問失焦」的人有臺階下，像是：「這個問題我剛好有一份補充資料，我稍後再提供您完整檔案。」或者「這是一個重要的問題，不過礙於今天的時間限制，我們再另外召開一次會議來好好研究。」這就好像要兼顧，場地「右邊」與「左邊」的聽眾一樣，力求面面俱到。

其實，簡報的講者就和會議主席一樣，不敢主導討論方向的話，會顯得太過弱勢；但是若太過強勢糾正別人，又會遏止開放討論的氛圍，所以這種拿捏真的是一門藝術。

7 想扭轉一言堂？表現出你的在乎與他有關

主管只會指責，損人又不利己，何不學會將情緒轉個方向，讓屬下和業績都有活路？

擔任管理顧問，我會接觸不同產業、不同性質的客戶，而這些公司內部通常都有亟待解決的問題。每個專案啟動時，最重要的工作就是凝聚共識，對客戶的管理階層、第一線執行團隊做簡報。

誰說商業簡報不能帶情緒？

某年，我們的團隊輔導一家中國大陸的傳統製造業，工廠因為管理不善，產能利用率不佳，基層員工的士氣非常低落。我和另兩位臺灣生產力專家，一起主持專案啟動會議，要對全工廠三百名員工自我介紹，並說明輔導專案的內容與執行方式。

試想一下這樣的場合，是不是一場容易的簡報？當然不是。雖然我們有「顧問」的頭銜，多數員工會給予基本的尊重，不過一旦塑造「上對下」、「我比你行」的氛圍，這種會議很自然就變成一言堂。沒有共鳴、沒有互動的演講，基本上就像一般人戲稱的「政令宣導」一樣，效果之差，臺上和臺下的人都心知肚明。

顧問團隊中，有一位擁有二十年以上生產管理經驗的顧問，負責在這一場會議中開場。在我看來，這絕對是最困難的簡報。會議開始之前，我腦中預想著可能的場景：「顧問在總裁引言後登場，事先塑造了權威的形象。接著是介紹專案範圍與顧問團隊，這一切大概都不會有來自臺下的聲音，瀰漫在空氣中的沉重感，也是可以想像到的。」

看過太多「零互動」的簡報，我的擔心其來有自。但是負責開場的顧問A君，帶著胸有成竹的表情，簡單自我介紹之後就切入主題。

「各位同仁，這個專案開始前，我看了公司最近幾個月主要的管理報表，看完之後我感到非常難過，甚至有點氣憤。」

這樣的開場白，我以為他要指責同仁，但是這絕對不是明智的做法，只會讓臺上和臺下的隔閡越巨大而已。然而他接下來的說明，卻完全扭轉我的看法，我相信也扭轉了不少在場員工的感覺。

「為什麼我感到氣憤？因為過去幾個月的出貨量很低，績效獎金發不出去，很多人都只領到底薪。在座有很多人要負擔家計，這樣的收入根本無法負荷一個家庭最基本的開銷。」

說到這裡，他的音量再一步提高：「工廠內很多人都努力投入工作了，卻還要擔心家計？一想到這樣的情況，我的內心比各位還焦急！」聽到這裡，我內心的疑慮完全消除，因為我知道他抓住了一個非常好的切入點：利他。

找到與聽眾同樣的情緒，自然有共鳴

還沒觀察在場員工的表情，這樣的論述已經先打動我了，我深深認同這是一個很棒的開場。果不其然，不少人情不自禁的點頭，而原本漠不關心的人，也開始抬頭注意臺上的發言。

這是一個我印象深刻的簡報開場。我們都看過很多管理者在臺上說話，面對績效不佳，檢討是必要的，是需要帶著「情緒」的。只是這個情緒要如何塑造，既能激起危機意識，又不會在臺上和臺下之間築起一座高牆，這正是溝通的藝術。

過去這間工廠的幹部，也是帶著情緒開檢討會議的，差別在於那是「指責部屬」的情緒，只有讓士氣更低落。但是如果我們能轉換這個情緒，找到利他的切入點，溝通的效果將大大不同。如何「定義」你的情緒，決定了簡報的成敗。

8 當報告陷入僵局……斷捨離提問拉回核心

多數人都以為在商場上，摒除個人情感、客觀才專業，實際上，真正的專業是敢提出個人的觀點，引導客戶做出更好的決策，簡報也一樣。

因為在外貿協會講授簡報技巧，我看了不下百場分組上臺簡報，大多是和臺灣產業相關的主題。對於表達技巧比較生澀的學員，我會給予肢體語言方面的建議。至於那些表達已經有一定水準的，我則是仔細聆聽他們的「觀點」是什麼。

每場簡報都一定有「觀點」嗎？那可不一定。讓我們看看以下這些訊息：

- 臺灣的×××產業每年有高達×××的產值。
- 全球×××產品每年的銷售量達到×××臺。

● ×××產品的需求量以每年三〇％幅度成長中。

若你是坐在臺下的聽眾，思考一下，上述訊息給你多少「觀點」？容我用比較嚴苛的標準來說，恐怕一個也沒有。因為它們都是「資訊」，而非「觀點」。

如果你已經有很成熟的口語、肢體語言等技巧，想讓簡報更上層樓的關鍵，就在於你是不是拋出夠多、夠好的觀點。否則，只是行雲流水的傾倒，類似上述的「資訊」，那麼你的簡報水準，就真的只會停留在技巧層次而已。

最簡單的觀點：至少指出這是高還是低

舉例來說，某次簡報者說「硬體製造占該產業總產值的二〇％」，這是一個很有意思的「資訊」，但是丟出這個資訊後，他就進入另一個主題。

身為聽眾坐在臺下，我覺得既突兀又可惜，他錯失了一個展現觀點的機會。所謂的觀點，就是你要告訴聽眾，你認為「占總產值二〇％」，到底是算高還是低？若是算低，那應該再找另一個對照的產業，來說明、支撐你的觀點。

其實很多專欄文章也是這樣，作者看到了一個有意思的數據或現象，卻沒寫自己的觀點就結束了。不知道是要留一手，還是他不知道他抓到寶卻不識貨，讓讀者悶壞了，就跟聽簡報的人一樣。

斷捨離：丟掉無關，只留精華

我看了許多「資訊太多、觀點太少」的簡報，其實他們都應該重新檢視內容，把精華的觀點挑出來，去掉無關緊要的觀點。更重要的是，所有的資訊都是為了支持少數觀點而鋪陳，絕對不是為了丟資訊而丟資訊。

當你的觀點變得比較少，但是鋪陳、說明得更完整，聽眾反而能產生更深層的共鳴和互動，這才是一場好簡報的意義。少即是多（Less is more）的概念，大概也適用於此。

9 預防對方明著來的敵意，暗中安插隊友觀眾

簡報前多觀察、多思考、多互動，
想辦法找出一、兩位隊友，
搞不好會給你意想不到的支援。

最理想的簡報結尾是，你能保持穩定的心情，游刃有餘的處理聽眾問題。但現實總是難以預料，例如突然來了名單以外的人旁聽，或是有人提出預期之外的問題……這些都會影響簡報者的狀態，即使是很有經驗的講者也不例外。

所以我對簡報最後，自由提問時間的建議是，不要全靠臨場發揮。一來是臨場問題不一定掌握得好，二來沒人提問也是一種窘境。所以至少設定一至兩位聽眾，是你事前就準備好跟他互動的。

不僅是人數眾多的簡報場合，即使是三、五人的小型會議，有可以互相扶持的「戰友」也是很重要的。

早點到、混個臉熟，接下來才有照應

我在電子業時，有一次去拜訪客戶新成立的單位，希望爭取合作機會。原本是由我代表業務團隊，另一位主管代表研發團隊，可是研發的主管臨時請假，只有我自己單獨前往。

提早十五分鐘到達客戶公司後，對方一位工程師「小麥」恰巧經過會議室，就過來跟我交換名片。簡短三分鐘的談話，發現我們都是籃球愛好者，還在同一個場地打過球，雖然對彼此沒印象，但勉強也算一面之緣。沒多久，他的主管走進會議室，表情嚴肅且沒有太多寒暄，要求我開始簡報。

當我開始說明投影片內容，我發現這位主管似乎不是很友善，除了表情不苟言笑之外，偶爾還會用尖銳的提問打斷我，像是「你們這個數字是怎麼統計來的？」、「你確定效能有這麼好？」等。我覺得他越問，我就越被孤立在臺上，因為他的「砲火」步步進逼，而現場卻沒有我的隊友。

正當我越來越孤立無援，甚至報告到信心流失之際，我觀察到在會議前，與我短暫交談三分鐘的工程師小麥，他似乎想幫我一把，但是不知從何幫起。我靈機一動，決定做球給小麥試試看，我說：「這種新功能應該在您們的客戶當中，有滿多公司用得上，不知道您（小麥）的看法如何？」

我丟出這個球，把問答的焦點從自己的身上移開，而專案經驗豐富的小麥也成功「接球」，馬上舉幾個實務案例來呼應我。他的主管看到我們的一問一答，態度變得和緩許多，不再是咄咄逼人的樣子，甚至還好奇的問：「你們以前認識嗎？」

小麥開玩笑的回答：「工作上不認識，但是球場上可能有出過拐子。」笑聲音量突然拉高，會議室不再那麼嚴肅。接下來我的簡報跟問答變得輕鬆不少，因為氣氛已經扭轉了。

我用這個例子，想跟讀者分享的觀念是，簡報者不必一個人獨自作戰。而隊友也不一定要來自同一個團隊，或是事前非得套招、演練才行。

簡報前若能多觀察、多思考、多互動，想辦法找出一、兩位隊友，他們搞不好會給你意想不到的支援。

10 兩位主管同時提問，怎麼不得罪人？

兩位主管同時提問，你該怎麼應對？

最糟的處理方式，就是呆呆聽他們把問題問完。

我第一次有比較正式的商務簡報經驗，是年輕時擔任影印機業務員、參加供應商評選。會議室裡面坐了客戶的採購人員和行政管理部門的主管，一板一眼的看著我三十分鐘的簡報。

由於整場簡報的氛圍被塑造得太過正式，我從簡報開始的第一分鐘到結束都非常緊張，表面故作鎮定，但是心跳跟呼吸都快得不得了，連襯衫都被汗水浸濕了。

好不容易我的簡報結束，沒有出太大的差錯，客戶開始提出他們的問題。採購人員先是問了我關於產品操作的兩個問題，正當我準備答覆時，一旁的行政主管突然插話，說出他對合約內容的疑問。

這突如其來的插話，把我原本要回答問題的思緒給打亂，不過當下我實在是太緊張了，沒有勇氣請他「暫停」，只有呆站在原處任由他繼續提問。這個看似無傷大雅的反應方式，其實後續有很多負面效應。

這般「尊重」的打斷插話者——通常是老闆

因為心裡還掛記著前兩個問題，我根本無法定下心來忠考這位行政主管的提問內容，就在兩方都想兼顧的情況下，我反而進退失據、亂了陣腳。等到這位主管提問結束，我回答他的問題時，已經顯得有些心神不寧，於是只能草草結束後，再尷尬的問那位採購人員：「對不起，您剛才的問題是？」

這次失敗的經驗讓我印象深刻，我不斷回想：「如果再來一次，我該怎麼處理，才會更周全？」

這種情況的確有它的棘手之處。因為插話提問的人是主管，這時候我如果說：「抱歉，請先等一等，可否讓我先回答完前面兩個問題？」這種回應很容易讓他感到不受尊重，但要是對他的插話視而不見，後面的情況只會變得更加棘手。

其實這個看似棘手的狀況，還是回歸到簡報者是不是有一個正確的「心態」。如果你小心翼翼過頭了，連稍微打斷聽眾的勇氣都沒有，一切都變得更綁手綁腳。然而，健康的溝通過程就是一種資訊交換，雙方應該是對等的，簡報者應該要尊重聽眾，但不必落得卑躬屈膝。

再遇到一次這種插話式的提問，我們可以一邊拿起筆跟紙、一邊委婉的說：「因為連續幾個問題，我怕會遺漏細節，請容許我一邊做筆記。」用這種「軟性」的方法打斷插話者，有很多好處。

如果對方因此意識到自己插話，可能會不好意思的暫停，即使他堅持繼續提問下去，我們也能應對。這樣一來能尊重聽眾，二來又能掌控對話，就是成功的關鍵。

更重要的是，這些照顧到聽眾感受的細微舉動，都在展現一個人的溝通能力，而且絕大部分的聽眾都看在眼裡，而形成對講者的評價。

11 面對質疑，微笑接受、親切回敬

想安全下莊，就不要做莊，
既然上臺，就是一步一擂臺，
教學相長，遇強你才會更強。

歐美企業擅長「創新」是不爭的事實，我認為最大的原因之一，是西方國家自學校教育開始就鼓勵公眾發言。相反的，亞洲國家的教育則是要學生遵循體制內的「標準答案」，好像把課堂上提問跟發言的學生定位成「問題學生」。

這種觀念根深柢固之後，很多創新的想法在萌芽階段就被扼殺，難怪我們的企業比較少出現創新的點子。這是「學生」的錯嗎？我想有更多責任在負責引導的「老師」身上。

簡報也是一樣的道理。有些簡報者抱怨臺下的聽眾不提問，明明自己講得口沫橫飛、精彩萬分，為什麼到了自由問答的時間，臺下就陷入一片沉默。

可是他沒有注意到的是，可能是講者的表情太過專注、論點太過強勢，或者是在偶爾與臺下互動的過程中，呈現出「拿麥克風的人是老大」的感覺。

上述種種表現，都會影響簡報結束後，聽眾的提問意願。所以「沒有人提問」，絕對不是聽眾太內向、主題太枯燥等表面原因而已，講者本身要負更大的責任。

講不好就換人，是誰要改進？

特別是當有一位聽眾提問時，講者如何與他互動，深深影響了下一位提問者的意願。大部分B2B簡報的場合，很重視講者的專業度與權威性，可是，如果你因此表現得像一位滿口教條的「老師」，就不能怪臺下聽眾，被你引導成乖乖聽話的「學生」了。

如何在維持專業形象的前提下，又讓聽眾勇於發言、放開心胸參與討論，就看臺上講者塑造出什麼氛圍。

強調自由民主的美國，多任元首都有在演講時被臺下聽眾抗議的經驗，我們可以從中學習到一些智慧。二〇〇八年正值伊拉克戰爭期間，當時的美國總統小布希

（George W. Bush）與伊拉克總理馬利基（Nuri Kamal al-Maliki）一起出席記者會，小布希發言到一半時，一名伊拉克記者為了向美國抗議，突然從觀眾席朝小布希丟了兩隻鞋子，小布希彎腰躲過這個襲擊。

現場混亂稍微被控制之後，小布希繼續接著說：「這個『丟鞋』的意外，正是民主的象徵。在自由社會裡，人們有權利發表自己的意見。而這個權利，是美國四千二百多名軍人的鮮血換來的。」小布希的這個回應，不但保住自己的尊嚴，還將一度失控的現場拉回到演說的主軸（自由民主）。

我們姑且不談論小布希的爭議與功過，但是他在這次抗議事件中的反應，扭轉了原本尷尬的場面、贏得更多美國人心，恐怕連丟他鞋子的記者都不得不佩服。

在商務簡報的場合，當然你不會遇到「丟鞋」這麼激烈的舉動，但是聽眾提出不同觀點、甚至完全反對你的看法，都是有可能發生的。

不過往好處想，當衝突、反對意見出現時，全場的注意力就會完全的凝聚，如果你能像小布希一樣找到一個「支點」或「施力點」，把這一股凝聚的能量拉回主要議題，危機就變成轉機了。俗語說「四兩撥千金」，這也有異曲同工之處。

腦力激盪，正是你問我答的目的

回答臺下的反對意見時，以下是幾種建議的說法：

- 「您提出的這個觀點，過去我的確沒有從這樣的角度思考過，謝謝您提供不一樣的思考方向。」
- 「這個問題沒有絕對的標準答案，我覺得您的看法也很值得拿出來討論。」
- 「謝謝您提出不同的看法，刺激出多元想法，正是這場研討會最主要目的。是不是還有其他人也有不同觀點？歡迎提出來交流。」

若下次你被問到語塞時，可以試著用這幾句話回答，相信定能帶來正面的效果。

第五章

嚴肅場合，靠眼神、肢體動作注入人味

1 別讓肢體動作，害你洩了底

你口中的讚，敵不過一個挑眉！
演員為何要苦心磨練肢體表演？
因為它勝過千言萬語，藏不住。

很多人以為簡報就是把話說得清楚、說得漂亮，所以在內容上費盡心思，但是其實肢體語言（body language）扮演更重要的角色。如果內容是「說什麼」（What），肢體語言就是「怎麼說」（How）了。大部分情況，「怎麼說」產生的威力遠遠超過「說什麼」。

站著請人拍攝下來，修正再修正

從聽眾的角度來說，講者的站姿會形成第一印象，其中透露很多訊息。舉例來說，駝背給人缺乏自信的感覺；肩膀一高一低則是顯得輕浮；至於雙腳站得太開或交叉，都給人不夠穩重形象。

若是場地較大、人數較多，後排觀眾或許無法仔細看到細部表情、手勢，這時站姿就決定了絕大部分肢體語言的印象分數，因此千萬別小看它的重要性。

以下是調整站姿的幾個注意重點：

- 抬頭挺胸。
- 兩側肩膀維持相同高度。
- 腰部打直。
- 雙腳站穩、與肩同寬。
- 身體保持平衡，勿過度向前或向後傾斜。

手勢最怕刻意做或不做什麼，手、口要同步

有很多人問我什麼是自然的手勢，可惜我實在給不出標準答案，但是我和每個人一樣能輕易辨識出，哪些是「不自然」的手勢，像是只有單手擺動，或是雙手朝同一角度單調的晃動，以及不自然的握拳等。

很多人平時和朋友談話時很自然，但是上臺後就會出現僵硬、甚至做作的手勢，要改善這些現象，不妨錄下自己私下與人聊天、比較自然的樣子，然後自己觀察有何不同。

此外，手勢出現的「時機」也很重要。某次我聆聽一位業務簡報，他在一開場提到產業成長率年年攀升時，做出一個慷慨激昂的向上握拳，我覺得這就是恰到好處的手勢。

可是聽他接下來的內容，我發現他提到負面的數據或趨勢，也同樣做出向上握拳的手勢。看多了之後，突然有種欣賞機器人表演的感覺，因為不管是好消息還是壞消息，他的肢體語言都沒有太大差別。這表示那位業務只是機械式的做出特定手勢，但是他沒有理解這樣的肢體語言背後，帶給聽眾的訊息是什麼（正面或負面、肯定或否定、高興或悲傷）。

要記得，「手勢」必須和「口語訊息」達到一致性，畢竟手勢不是主角，它是用來輔助口語訊息的。

眼神Z字形移動，用它表達嘴裡沒說完的

在簡報過程中，眼神是講者展現自信、宣告其能控制全場的最佳方式。因此平時與人交談、非正式的會議等，就要讓自己的眼神平穩，且自信的直視你說話的對象。

另外，眼神的移動要平衡，意思是要平均照顧到全場聽眾，包括最前排、最後排、角落兩邊的座位等。我們可以將簡報場地分為四個虛擬的區塊，想像

圖表5-1　眼神的移動方向

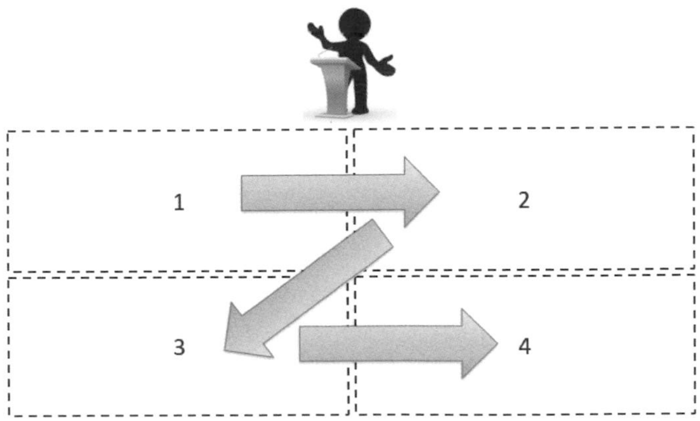

自己正在跟四群聽眾輪流互動。

眼神與各區塊聽眾進行交流時，「太慢」會讓焦點只停留在少數人，而「太快」又給人刻意或不誠懇的感覺，因此速度的拿捏也很重要。依據我的經驗，停留在一位聽眾的時間，介於五秒到十五秒最恰當，有聽眾發問或討論時，才把停留時間拉長。

放錯表情易誤導聽眾陷入錯亂

不管是談論正面或負面的議題，當講者想要影響聽眾時，臉部表情絕對是最有感染力的道具，因為它可以加深口語內容的強度。

舉例來說，你正在說明一項新科技，如何成功協助客戶改善營運。由於中間穿插了一些專業術語，在場聽眾的專業程度不一，有些人不一定全然理解；又或者，某些聽眾偶爾被手機或旁邊的人干擾而分神，這些因素都會造成，講者的訊息無法百分百傳達給所有聽眾。

因為這是「正面」的訊息，你在講述時全程保持微笑、自信的表情，如此一來，即使聽眾有某些片段沒有進入狀況，他也能輕易判斷出：「這一段都是關於營運改善的事。」當轉換到下一個議題（你的表情變了），他一樣可以跟得上講者的步調。

所以表情也是很重要的輔助工具，它引導聽者在正確的方向上，即使部分細節遺失也沒關係。相反的，如果在報告好消息時扳著臉，或在說壞消息時面露微笑，都會讓你的聽眾陷入錯亂。臉部表情與傳達訊息同調，是不可或缺的表達技巧。

國際影壇極具代表性的喜劇演員金凱瑞（Jim Carrey），他所主演的電影總是票房保證，一部電影的個人片酬曾經高達兩千萬美元（約新臺幣五．八億元）。為什麼金凱瑞可以緊緊抓住觀眾目光？關鍵就在於他豐富的表情。

我記得我的姪子在不到兩歲的年紀，有一次坐在電視旁邊玩玩具，電視正播放金凱瑞的電影。姪子當時的年紀無法理解電影臺詞在說什麼，但是他被金凱瑞豐富的表情吸引，整整好幾分鐘目不轉睛、看得入神。

做簡報時，我們不必像喜劇演員有那麼誇張的表現方式，但是我們隨時要記得，一個人的表情也是會「說話」的，更是你可以善用的溝通工具。

身體若不移動，簡報也難生動

如果講者從頭到尾都站在同一位置，每位聽眾視角固定的情況下，簡報要生動也很困難，甚至還是造成聽眾打瞌睡的元凶。

簡報過程中適度的在講臺左右兩側移動，不僅可以讓講者變換僵硬的姿勢，也會讓身體更放鬆、更有自信。

此外，在前後狹長的場地，講者偶而往前走到中央，則是用肢體語言告訴聽眾，這個空間是由他在掌控。這麼一來，也能自然營造出一種專業的形象與自信，更能取信於對方。

從某個角度來看，簡報就像一場表演，演員熟練劇本當然很重要，但是用什麼方式將劇本演出來，才是分出好壞的關鍵。肢體語言從來不會發出聲音，但是它的威力永遠是「無聲勝有聲」。

圖表 5-2 掌握肢體語言五大重點，讓你不開口也能營造說服力

手勢
別刻意，
要與口語同步。
站姿
抬頭挺胸，
身體保持平衡。
眼神
Z 字形移動，
照顧全場聽眾。
能提升說服力
的肢體動作
表情
與訊息同調，
能加強聽眾認知。
身體
適度在講臺左右
兩側來回移動，
能展現自信。

2 報告時應該看著誰？眼神的走位方式更重要

眼神要看哪？對新手是酷刑，
但對老手，卻是連臺好戲，
把聽眾當瓶子吧，前輩是這樣練的。

看到這裡，相信多數人已經了解肢體語言所能發揮的效力。但你可能不知道，在這之中，眼神尤其能幫你補充並強化口語未能傳達的訊息。

但對初學者來說，正式上臺簡報時要有自然的眼神接觸，是一項不小的挑戰。有些人是因為自信心不足，不敢直視全場，眼神就圍繞在投影布幕打轉。另外有些人忙著回想講稿內容，視線單調的望著天空而不自知。

用空瓶當聽眾，一一掃過

要克服這個障礙，最有效的方法就是，「預先設定簡報的場景來練習」。

第一步是在練習場地的左側、右側、中央各擺放幾個空瓶子，想像他們是觀眾。演練時來回輪流看著這些空瓶子，讓自己習慣這樣的節奏和說話模式。同時也可以請旁人幫忙觀察，自己眼神流動的速度，是否介於五秒到十五秒之間，會不會太快或太慢，做適度的調整。

第二步，別忘了在演練過程中，眼睛雖然來回看的是空瓶子，但是腦中一定要想像前方都是觀眾的畫面。你甚至可以把場地的投影機、白板、走道、燈光、時鐘等位置都記下來，演練過程腦中的畫面越逼真，就越能達到練習的目的。

3 回頭看簡報的速率，影響決策者的印象

如果投影片是主角，大家就不用舟車勞頓了，所以，你絕不是來複誦投影片的，一定要有自信，即使沒有投影片，照樣能做簡報。

簡報過程中，投影片是輔助講者的工具，千萬不要讓它變成主角。如果投影片是主角，那麼多數的簡報其實不必大費周章，讓這麼多人舟車勞頓集合在一起交流，大可把簡報內容用文件、影片的形式發送就行了。

所以簡報者必須先有正確的認知，你並不是來「複誦」投影片內容的，否則就變成會議司儀或新聞主播，而不是簡報者了。越清楚司儀、主播與簡報者這些角色的差異與定位，越能抓住簡報的核心價值。

為了不讓投影片搶走風采，或是讓聽眾全場只盯著螢幕看，簡報者一定要做到，投影片與實體空間的平衡。也就是說，當聽眾的注意力停留在投影片一段時間後，就要適時的把他們「拉」回實體空間。

例如，你的手可以比出數字、握拳、朝上、朝下，藉以說明一個趨勢或現象，聽眾的視線便會回到你身上。

在報告時，盡量控制某些時間在投影片畫面上，某些時間在講者身上，聽眾比較容易持續有新鮮感，不會因為視覺太過單調而疲乏，甚至打瞌睡。

回頭要慢一拍，顯得深具意義

投影片對簡報者來說，也有「大字報」的功能。然而簡報者回頭看投影片的時機、方式，也會傳達出不同的訊息，這是很有趣、值得我們注意的地方。

舉例來說，投影片的內容是「A產品的五大特色」，多數講者因為無法非常詳細的熟記五點內容及順序，所以每講述完一項特色，就要回頭看投影片，以確認下一項特色是什麼。

此時，如果你回頭看完投影片後，就立即再轉回聽眾席，這種肢體語言就像在告訴聽眾：「我記不住內容，回頭就是為了看大字報」。

但是，如果你回頭看投影片時，不急著轉回聽眾席，而是「多停留幾秒鐘」在投影片上，這時呈現出來的肢體語言，就會像是在引導聽眾讀投影片一樣。短短的幾秒鐘卻給人截然不同的印象，我稱這個技巧為「慢一拍回頭」。

進場也要慢一拍，顯得氣定神閒

有異曲同工之妙的技巧，我稱之為「慢一拍進場」。也就是當你回頭看了投影片，已經知道下一點內容是什麼，有時候也不必急著說出來。你可以先記在心裡、做一些鋪陳，「慢一點」把剛才看到的內容「帶進場來」。

「慢一拍回頭」跟「慢一拍進場」，都是發生在幾秒鐘內的小小動作，但是它會讓你回頭看投影片的動作，顯得自然、自信得多。

還有某些場合連投影片都沒有，像是在展覽會場狹小的空間內向客戶做簡報，此時就要特別留意實體空間裡，有哪些東西可以運用，作為我們簡報的輔助工具。

沒有投影片，還是有辦法做簡報

某年我在杜拜的展場攤位上，向客戶介紹產品。對方是沙烏地阿拉伯的貿易商，一看就是精於生意買賣、腦筋動得很快的商人。起初我們兩個坐在小小的圓桌邊，他看著我手上拿的產品聽我介紹。

但是過沒兩分鐘，他就開始分心，一下子看旁邊的展示架、一下子往其他攤位東張西望，於是我試著運用「實體空間」來拿回一些主導權。

例如，談到產品原理時，我拿出一張白紙畫出示意圖，或是把口頭提到的產品優點，用一、二、三條列的方式寫下來。

當我這麼做時，他就不得不將注意力集中在紙上。偶爾我還會把手機裡面的產品操作影片拿出來，讓他看一、兩分鐘，才又回到我的簡報。或者，邀請他站起來走到展示架旁邊，我指出幾款新產品比較特別的賣點，然後再回到座位上。

這些動作都是充分利用實體空間，把溝通的主導權抓回自己手中。所以，不必太執著於投影片本身，它只是簡報的某一項輔助工具。仔細留意簡報或會議場合，講臺、白板、桌椅、海報、樣品、紙筆等，都可以成為你溝通的得力助手。

4 嚴肅的商業簡報如何增添情緒？用聲音

做簡報時，聲音是你唯一的武器，不要怪聽眾這時為何都變成聲控，而你是改善自己聲音的最佳老師。

人的喜怒哀樂呈現在臉上是「表情」，以聲音的形式來表現這些情緒時，則是「聲音表情」。透過鏡子或是別人對我們的觀察，臉部表情一覽無遺，但是關於「聲音表情」，則是少有人認真的研究。而聲音對一場簡報、演講的影響力之大，絕對不亞於臉部表情、肢體動作。

我們大部分時間都在聽別人說話，很少有機會認真聽自己的聲音。事實上，每個人說話時的語調、音量、節奏，都有可以鑽研的地方。如果你不曾認真「診斷」過自己的聲音，就會失去精進的機會。

我第一次有機會仔細聽自己的聲音，是到廣播節目接受訪問。我和節目主持人對談的過程，就跟平常與人聊天一樣，沒什麼不同。直到打開收音機，聽到實際播出的內容，我才意識到聽自己的聲音，居然會如此彆扭。

一來是專有名詞的咬字不清楚，而且說話口氣也顯得虛弱無力。再者，我對自己抑揚頓挫、起承轉合的表現都很不滿意。總之，真是找不到任何優點。

聲音是唯一武器，不能怪聽眾變聲控

為了改善這些狀況，我開始從小地方調整：

- 說話時試著放慢速度，把話說清楚。
- 發音時多用一些丹田的力量，讓聲音渾厚一點。
- 講述故事時多用一些鋪陳技巧，創造高低起伏的變化。

我用錄音筆把練習過程錄下來，反覆的聆聽、修正，逐漸把一些缺點改掉。經由這些練習後，再接受電臺訪問時，表現就改善許多。

下次練習簡報時，不妨用錄音筆把過程記錄下來，仔細檢視、診斷自己的聲音，你一定會大有斬獲。

5 簡報的重點，用聲音呈現比畫在紙上更令人深刻

就跟音樂是跨國界語言一樣，人類對聲音的魔力很有感受，懂抑、揚、頓、挫，很吃香。

簡報、表達、溝通有一項共通點，就是「層次」要分明。特別是一個人說話的時候，若是習慣平鋪直敘的方式，沒有發音的抑、揚、頓、挫，不但給人缺少熱情、缺乏自信的感覺，聽眾聆聽平淡的語調一段時間後，注意力就很容易渙散。

音調中的「抑」是指對較不重要的詞句，要適度「壓抑」音量和語調。相反的，「揚」就是對較重要的內容，或是即將進入關鍵字之前，逐步提高音調來做鋪陳。「抑」和「揚」就像行車時減速、加速的檔位一樣，操控得宜的話，有「速度」

上的快慢層次，也會有「音調」上的高低層次。

別表錯情，悲傷和歡樂的嗓音大不同

因為講授簡報技巧課程的機會，我曾經大量觀察，簡報者運用「抑」和「揚」的技巧。我發現有些人對內容、語意的了解不深，重要的詞句竟然呈現「抑」，而無關緊要的部分又表現出「揚」。

這就好像歌唱選手沒有真正理解歌詞，悲傷的歌用高亢的嗓音，而歡樂的部分卻用沉悶的方式來詮釋，連臺下的聽眾都跟著錯亂了。

所以千萬不要小看聲音語調的運用，有時候它會讓講者「現出原形」。

至於「挫」，就是要特別強調的部分，像是最快、最好、最頂尖這些「形容詞」，或者提到關鍵的數字、紀錄等「名詞」。我們也可以說，「挫」就是講者要塑造的那些「亮點」。

值得一提的是，亮點在精不在多，如果整場簡報到處都是亮點，那反而會把聽眾弄得疲累不堪。

像貓撓你的心，最有張力的是頓

抑揚頓挫之中，我認為最困難的是「頓」。大部分簡報經驗比較不足的人，因為緊張、怯場、怕忘詞，簡報過程都像急著趕路一樣，根本不敢有太多「停頓」。但如果我們仔細回想那些擅長抓住人心的演講者，最犀利的技巧絕對不是拉高音量、強迫聽眾買單，而是他們能巧妙的運用停頓，勾起聽眾的好奇心。另外，停頓也給人多一些思考、沉澱的時間和空間。

好的演講內容，就像優質的食材一樣對人體有益。若我們把所有的食材一次丟下鍋，只求煮得快、煮得熟，絕對不會有美味的料理上桌。

好的講者能夠讓食材（內容）粒粒分明，就跟五星級飯店主廚的拿手「炒飯」一般，看似簡單的美味，卻有不簡單的層次蘊藏其中。

圖表 5-3　抑、揚、頓、挫的使用時機

抑
- 較不重要的詞句。

揚
- 較重要的詞句。

頓
- 最重要的詞句，暫時的停頓，讓聽者吸收資訊及思考。

挫
- 製造亮點，用以強調關鍵數字、紀錄。

↓

層次分明的簡報

6 鏡子前多尷尬，上臺就有多自在

平常我們都是怎麼舒服怎麼站，
但在人前演講本來就不是個舒服活兒，
想帥、有自信，就一定要照鏡子。

因為個子高又瘦，我從小就經常駝背。家人朋友提醒的時候，我會趕緊修正，但是沒過幾分鐘又不自覺的躬起背來。我沒有積極的修正，是因為不知道駝背的樣子有多難看。

直到有一次我做簡報時，那間會議室有一整片霧面玻璃做成的牆，讓我清楚看到自己的樣子，我才驚覺站姿、肩膀高度、手臂放的位置等，在聽眾眼前會產生如此大的視覺效果。

在練習時要讓自己保持最大的警惕、避免難看的姿勢出現，最好的方法就是在鏡子前面演練。許多社區的韻律教室都有落地大鏡子，在這種場地練習，能看到自己完整的姿態。退而求其次，也可以在看得到完整上半身的鏡子前練習。

一開始看鏡子中的自己，可能會感到有點彆扭，這正是練習的目的之一：讓自己多暴露在尷尬、緊張、不安等情緒之下，習慣之後，正式上臺就會自在得多。

以想像建立正確的慣性行為

我一再強調，簡報要面對的挑戰、克服的問題，心理層次永遠大於生理層次。有人花很多時間背誦講稿，也反覆練習眼神、肢體語言等技巧，但是對簡報要達成的「目標」一知半解，上場後還是容易有緊張、不自然的表現。

飛魚的金牌教練要求菲爾普斯，睡前、起床時在腦中想像演練游泳的所有動作，等到實際下水時，他的動作自然就倒背如流了。

相反的，有人**帶著正確的態度來做簡報，像是：利他、目標導向、聽眾為主**等，即使細枝末節的一些技巧不是很完美，整體得到的評價也不會太差。所以說穿了，建立一個正確的「心態」，還是簡報成功的基礎。

就像職業運動選手一樣，賽前的冥想和心理建設，對上場之後的表現有很大的影響。所以我建議讀者做簡報前的最後一項練習，就是「想像力」。

這種想像的練習，越真實越好。舉例來說，兩天後你要對兩位嚴苛的主管做簡報，你就要想像他們不苟言笑的撲克臉，包括場地跟設備的配置，其他出席者坐在什麼地方，都盡可能把它們搬進腦海中。

如果這個想像的畫面夠真實，你就會出現緊張的感覺，那就代表你的練習成功了，因為你比別人更早一步開始適應真實的挑戰，練習得越逼真，正式上場時，你就越能游刃有餘。

而這個想像的畫面中，當然也要有期待中的自己。你可以想像拿著麥克風時，很有說服力跟感染力是什麼模樣，然後告訴自己：「我做得到。」

簡報前適合用來「自我對話」的句子包括：

- 我對簡報內容充滿信心。
- 我會帶給聽眾很有價值的內容，讓他們滿載而歸。
- 這次簡報是千載難逢的好機會，我一定可以充分把握住。
- 經過這麼努力的準備，總算可以一展身手了。
- 聽眾也非常期待這次的交流，我們肯定會擦出很棒的火花。

此外，我建議在簡報前，從握住麥克風的那一刻開始，給自己三十秒自我對話的時間，幫助自己找回演練時的自信與從容。

第六章

穩健的臺風，
來自「微緊張」

1 緊張是菜鳥受挫的主因，也是成熟業務成功的關鍵

緊張，表示你需要更多勇氣和技巧，如果你四平八穩，學習價值就不大。凸槌，讓你最快前進一步。

有人問我，在外貿協會的授課經驗裡，對哪一位學員的簡報表現印象最深刻，我的答案恐怕讓很多人意外。因為讓我印象深刻的，並不是用盡巧思搏得滿堂采的表演者，也不是四平八穩、技巧卓越的佼佼者，而是一位再普通不過的學員。

Evonne 是那一次課程的引言人，在課堂一開始、拿著麥克風介紹我時，從發抖的聲音就聽得出她有多緊張。這是外貿協會課程很棒的一個傳統，創造許多機會讓學員體驗在臺上緊張的感覺。我接過麥克風後還特別表示，這種緊張感十足的引言人有

兩個很正面的含意。

第一，緊張代表一個人很在乎，只要所有人記住這種「很在乎」的情緒，未來進入自己的舒適圈之後也不要忘掉，那麼做什麼事都能很成功。第二，如果學員現在就已經四平八穩，參加這個課程的附加價值反而不大了。

就是因為現在還有很多不足，還有很多需要磨練的地方，到外貿協會的魔鬼訓練營才會有最大的收穫，不是嗎？

九成講者會忘詞，成功者的竅門在於不卡彈

課程進行到後半段，輪到各組上臺報告，我特別想關注的其中一位學員，就是Evonne。因為我希望在課程一開始所分享的、對「緊張」的正面意義，可以有效的幫她以及其他緊繃過頭的學員打氣，舒緩他們的壓力，表現得更自然、自在。

Evonne一上臺，有個很穩健的開場、口條清楚流暢，聲音語調也沒有剛才的青澀，我很高興她調整的很快。我雖然面無表情，其實內心正在為她用力鼓掌。

可惜的是，當她進行到一半，便遇到所有初學者最害怕的狀況，那就是「忘詞」。她突然在投影片的某一個段落，表情尷尬的停頓下來。那種感覺有點像是，全

場聽眾都準備跟隨她繼續往前走，但是她一個人站在原地。

停頓之後，教室內的空氣迅速凝結，感覺每一秒鐘都是那麼的冗長。這時候臺下的同學已經有人小聲喊加油，我可以感覺全場都用眼神或肢體語言，在支持她、為她打氣。

Evonne 轉過頭去努力調整情緒，過了一會兒回過頭來繼續講下去，當然，此時她的表現已經大受影響。不過她還是很「勇敢」的，把她負責的內容講完，就像在跑道上跌了一跤的選手，站起來把剩下的賽事完成。

接著她把麥克風交給同組的下一位簡報者，和其他組員站在講臺邊。沒有多久，我看到她偷偷在拭淚。

不要記細節，記架構就行

當全場靜默、把發言的機會交給一個人，某種程度對簡報者來說是很孤獨的，這個時候「忘詞」造成的尷尬和不安會特別放大。據我所知，因為「害怕忘詞」而患得患失、甚至被擊垮的大有人在。仔細想想，忘詞根本沒有毀掉他們的簡報，害他們搞砸的是「擔心會忘詞的心態」。

要避免這樣的窘境，你應該思考的不是「如何能不忘詞」，而是「忘詞又會怎樣」。B2B簡報的最終目的是促成商務行為，而不是欣賞講臺上的超級巨星誕生。即使在簡報過程忘記某個專有名詞或統計數字，需要翻閱一下手邊的資料或小抄，多數情況是無傷大雅的。

所以在準備簡報過程，你應該熟記的是「架構」，而不是細枝末節的「臺詞」。很簡單的道理是，你的聽眾也只會記得架構，而不會記得太細微的用字遣詞，既然如此，追求一個流暢、完整的架構，遠比去著墨華麗的字句來得有意義。

跌倒才能拿到勇氣

我看過太多簡報過程忘詞的狀況，有些人因此被擊垮、草草結束，有些人希望全部重頭來過，好保持沒有瑕疵的完美表現。但是真正令人佩服的，是跌倒之後繼續往前走的勇氣。

這種選手在「身體素質」上不是最強壯的，但是我認為在「心理素質」上卻是最有韌性、最值得尊敬的。

外貿協會持續培養出一批又一批優秀的人才，但我真心希望在這個魔鬼訓練營裡，即使過了十年、二十年，還是可以一直在訓練過程，看到這些「青澀」但「勇敢」的表現。我深深為 Evonne 感到驕傲，她是我在「簡報技巧」這堂課印象最深的學員。在我看來，這種奮鬥精神，才是外貿協會訓練課程最珍貴的圖騰。

2 如何克服上臺的恐懼？只預想你能控制的

如果趕不及，有什麼可能的備案？

如果發揮失常，有下次？沒下次？

你最大的恐懼是「如果」。

許多研究機構都做過「人類最恐懼的事物」的排名調查，「上臺說話」總是名列前茅，甚至高過對「死亡」的害怕程度。無論是初學者或經驗豐富的人，如何克服上臺的緊張與不安，讓自己有平穩正常的表現，幾乎是上臺前最重要的課題。

我的經驗是，遇到不了解、不熟悉、不擅長、不可預期、不容易掌握的事物，都會帶給我們壓力，而最好的應對方式就是「面對它」。

進一步的說，想清楚壓力來源，這些壓力會對我造成什麼實質的危害？如果有的話，最糟的狀況會是怎樣？我能不能承受得起？我有哪些可能應變的方法？

上臺說話這件事，對不同人、在不同時機、不同場合造成的壓力也不盡相同，很難給出一個標準的危機處理步驟，只有靠自己靜下心來，把造成負面情緒的源頭找出來，經過理性分析來化解「心魔」，你才有可能進入一個正確的狀態。

如果，如果……「如果」才是最大恐懼

有一年我受《商業周刊》邀請，在臺灣北、中、南巡迴的「超業講堂」中演講。臺中場次的前一天，我人還在中國大陸出差，想不到清晨遇到河北當地下起大雪，通往河北機場的道路封閉，讓我錯過原定當天下午回臺灣的班機。

在行程大亂的情況下，我一邊要確認換搭其他航班的可能性，一邊擔心錯過演講的後果，連原本打算用前一天演練內容的計畫，眼看著都將因此泡湯。

此時我腦海中浮現數百名聽眾在臺下，但是講者缺席的畫面，各種尷尬、害怕、懊悔的感覺浮現，可說是五味雜陳。

試想，如果我不能讓思緒和緩下來，即便在最後一刻幸運搭上回臺灣的班機、出現在演講場地，也是處於很差勁的狀態。

於是我開始在心中將恐懼「抽絲剝繭」。如果我真的趕不及、缺席了，現場有什麼可能的備案？下雪這種天候因素，是不是我能控制的事情？聽眾和主辦單位能不能諒解這樣的突發狀態？假設我錯過了這次演講，我還有什麼彌補措施？

專心思考你可以控制的，主控權還是你的

我心平氣和的分析各種選項，並且把它們分成「我可以控制」和「我不能控制」兩大類，專心思考我可以控制的部分，就像賽跑選手調整腳步和吸呼速度一樣，重新找回自己的主控權。

雖然當時我們還在等臺灣旅行社的回覆，以確定能否搭上另一個深夜的班機，但是我已經可以靜下心把演講大綱拿出來，**照既定的計畫在心中排演**。因為我知道，不管結果是好還是壞，我都已經盡力而為了。

很幸運的，我候補搭上另一班回臺灣的深夜班機，隔天準時出現在臺中的演講場地。雖然出場的鎂光燈和音響，還是讓人腎上腺加速分泌，但是自從前一天把各種狀況「想透」之後，我的心情早已經異常的平靜了。

原來，把恐懼徹底的想清楚，它就變得沒那麼棘手了。

3 上臺的自信，來自於「確實了解自己所說的」

沒做過、沒試過，無法想像，無法想像的時候，恐懼就來，那就把恐懼寫下來吧。

每個人的專業背景和生活經驗不同，造成上臺壓力的原因各異。其中有一些常見的恐懼來源，以及我們可以應對的方法。

回想一下，當你要向一群朋友介紹一本好書、一部好電影，為什麼可以滔滔不絕、侃侃而談，甚至不由自主的變成超級推銷員？

因為親身體驗給你足夠的信心，你希望別人從你的分享中得到好處，而且你很確定，他們確實會得到好處。

這樣的邏輯，就是成功簡報最關鍵、最核心的信念。你是不是帶著這樣的信念上臺，臺下的聽者都看得非常清楚。

「你對」簡報內容有疑惑，是無法掩藏的

相反的，如果你對簡報內容都還存有疑惑，哪怕只是對其中一部分內容不夠了解，你都很難把這種疑惑「藏」起來，它終究會在你說話和回答問題的過程中，顯露出來。

假設這是一場對客戶做的B2B簡報，這種疑惑就會快速形成你「不夠專業」的形象。如此一來，簡報技巧不佳所造成的損失，恐怕就不只是臺上的臉紅尷尬，更可能流失龐大的商機。

假設你的簡報題目是「A產品在航太產業的應用與效益分析」，你不必苛求自己了解航太產業的所有事情，所謂的信心，也不是建立在「我是航太產業專家」這個大的範圍上。

若你的信心是來自於A產品在航太產業的應用，就表示你對特定範圍做了深入的研究，因此針對這個範圍內的技術優劣勢與效益，能比一般人提出更專業的見解。

只要你把設定範圍的內容扎實的準備完善，就足以形成你上臺的信心。容我再次強調，**信心不是來自「我什麼都懂」，而是來自「我確實了解我所要說的內容」**。

覺得聽眾是友善的，你就不緊張

職場上，我們見到最容易緊張的簡報，大概就是求職者的自我介紹或特定主題報告。因為坐在面前的聽眾，決定了他們能否爭取到一份工作。

有一次，我和另外一位主管共同面試新進業務同仁，讓他進行一場十五分鐘的簡報。過程當中因為簡報者太過緊張，不僅聲音發抖還頻頻吃螺絲，一場十五分鐘的簡報變成如兩個小時般漫長。

其實我們都看得出來，他費了很多苦心準備內容，可惜的是這些好內容，都被他的緊張表現掩蓋過去。

事後在茶水間談論起這次面試，我和另一位主管竟不約而同表示，雖然我們是面無表情的聆聽簡報，但其實內心是在幫他加油打氣的，畢竟，誰不希望努力向上的人受到肯定？

只是礙於主考官身分，我們必須扳著撲克臉，以維持公正客觀的形象。我和另一位主考官彼此調侃，原來我們都是「面惡心善」的聽眾。我想，如果這位面試者聽到我們茶水間的對話，或許緊張感會去掉大半。

我們都應該認知，大部分聽眾都是友善的，很少人聽簡報是等著看講者出糗，即使對方是表情冷漠的主考官、同事、客戶或供應商。記住這個道理，下次上臺前，你應該先看著聽眾默想：「他們是友善的。」當你做好心理建設，面對聽眾流露出自然、友善的態度，他們也會受你影響，好的氛圍自然就會形成。

4 成功B2B業務上臺前會做的五個小動作

好習慣和儀式一樣，
除了帶來心理的好運，
更有實質的助益，跟著做吧！

其實一些簡單但有用的動作，真的可以幫演講者減緩緊張情緒，我十幾年來的經驗掛保證，屢試不爽。

一、喝溫水

簡報開始前最需要克服的緊張感，是一種「心理」層面的問題，不過它還是會受「生理」因素影響。例如場地空調冷得令人發抖，肯定會讓簡報者原本緊張的顫抖變本加厲。此時喝幾口溫開水，可以讓喉嚨、身體獲得溫暖的感覺，對於增加穩定感很有幫助。

二、深呼吸

緊張導致心跳加速，呼吸的頻率也跟著加快，嚴重一點，連帶影響說話表現跟肢體語言，很多講者便在這樣的「骨牌效應」下表現得一塌糊塗。

因此，在說話之前，我們得先控制呼吸和心跳，試著用「吐到底、吸到底」的方式，給自己五到十次的深呼吸，逐漸找回穩定感。

三、從一數到十

講者在簡報前出現緊張、混亂的情緒，很大原因是他不知道能否掌控稍後的情況。「稍後的情況能否被控制」，花再多時間去煩惱這個問題也沒用，不如先專注在「當下」，找一些自己可以控制的事來練習。

用穩定的節奏從一數到十，就是自己可以控制的動作。這種「數羊」的方法，對穩定情緒很有效果。

四、提前到場走動，建立空間感和安全感

一個人面對越熟悉的人事物和環境，就越能自在的表現，所以我們在朋友面前練習簡報時行雲流水，但是在客戶面前就頻頻吃螺絲，這是很正常的。

為了增加對簡報情境的熟悉感，我建議簡報者一定要提前到現場。不僅察看一下講台、投影機、電腦的位置，也走到座位上感受一下，聽眾看講臺的角度。別忘了，我們熟悉的部分越多，緊張感就越少。

五、會前互動更重要

我剛開始有機會進行較正式的簡報或演講時，總以為「互動」是從拿起麥克風說話開始。但是事實上，從講者走進會場（或者會議室）的第一分鐘，互動就開始了。

即使聽眾裝著若無其事，但其實他們會默默注意著講者的穿著、舉止，會前和工作人員的交談等，這些都形塑出講者在他們心中的形象。

年輕時經驗不足，簡報開始前我只專注在準備工作，甚至不太敢直視陌生的聽眾。這些拘謹的動作都會感染給聽眾，演講正式開始後聽眾若是太過拘謹、互動不多，講者要負很大的責任。

主動上前打招呼，關係前進一步

因此，現在有機會做正式的簡報，我除了提前到會場，也會把簡報開始前的寒暄、打招呼，當作很重要的一個互動環節。我會大方的問候那些提前到場的聽眾，時間允許的話，甚至和他們聊聊他們期待聽到什麼內容，這些小小關係的建立，對於整場簡報是非常有幫助的。

5 最好的簡報，最好別使用技巧

你忙著秀十八般武藝，以為手到擒來，
但有招就假了，你以為聽眾看不出來？
無招勝有招，因為聽眾並不喜歡招。

我開始有比較多演講機會時，可能會有一個主題重複講多次的經驗。起初我認為，同一個主題的第二次、第三次演說，若是要看到進步，就要把內容記得越熟練、表達得越老練。

現在回想起來，在那個階段我只是一個「賣弄招式」的「表演者」，還稱不上是一個成功的「演講者」。所以那時我對成功簡報的定義，都停留在有沒有在適當的時機，完美的呈現出破題、轉場、結尾等技巧。把注意力都放在自己身上，對聽眾的觀察和解讀就相對弱了。

無招勝有招，因為聽眾不喜歡招

而我必須強調，真正好的簡報，是和聽眾產生強烈連結的「雙向溝通」，而非單向的表演。我發現自己如果帶著一堆招式和技巧上臺，雙向溝通就少了，這樣的經驗屢試不爽。

於是，後來我準備簡報的時候，設定的目標，反而是強迫自己「丟掉」那些細枝末節的鋪陳，帶著越少招式上臺，越能夠集中我的精神和能量在聽眾身上。我想古代習武之人說「無招勝有招」，絕對有它的道理。

簡報的演練階段，主要目的是讓講者自己強化、深化、內化那些主要論點，讓陳述內容的主軸更鮮明、更強烈。而另一方面，更熟悉內容的目的，是要拋棄一些不必要的細節、套路，因為最好的互動，或說最好的「梗」是什麼，其實上臺了才知道。

6 簡報就像在健身，每天投資一點時間，效果就出來了

無法拿來應用的知識，就和書架上沾滿灰塵的藏書一樣：沒有價值。琢磨簡報技巧，也是一樣的道理。

很多人想靠抄捷徑來精進自己的簡報技巧，我年輕時也曾有這種不切實際的想法，這是臺灣填鴨式教育、速食文化下的產物。因此和人談簡報技巧時，我最喜歡用一個問題來刺激思考：「上簡報技巧的課，和上健身房有什麼相同之處？」

剛出社會時，我有很強的「匱乏感」，因為沒有特別的專長，覺得工作上遇到很多事情都不懂，所以我常常有空就耗在書店一整天，試著降低焦慮感。

一開始買了些熱門的書，會覺得自己就「擁有」書裡面的知識了。接著書越買越

多，但是閱讀時間有限，於是這些書就一直擺在書架上。當我的書櫃堆滿看不完的書後，逛書店時我就轉變成另一種心態，就是去找什麼是我沒有的書。最後蒐集了各種商管領域的書，但是對每一本書的理解都不深，淪為走馬看花。

回頭看年輕時的自己，發現這是種很矛盾的習慣。因為這些書即使被我「買到」，也不代表我就「知道」書裡的知識；即使知道，也不一定代表「做到」。最終無法拿來應用的知識，和書架上沾滿灰塵的藏書一樣：沒有價值。琢磨簡報技巧，也是一樣的道理。

持之以恆練習，才能長成自己的肌肉

很多人「知道」簡報該有的技巧是什麼，於是在接觸相關書籍或課程時，顯得意興闌珊甚至不屑一顧。但是遇到真正要上臺做簡報的場合，卻又表現得差強人意，原來「知道」跟「做到」的距離這麼遠。

這就好像我們進健身房，教練帶著我們把所有器材，用正確的方法操作一遍，我們並不會馬上變強壯。想要達到健身的目標，不但要認真學習方法，更重要的是持之以恆的練習，經過自我實踐、修正、內化的簡報技巧，才會成為結結實實長在自己身上的「肌肉」。

另外，健身房裡各種不同的器材，用來訓練的肌肉部位也不同，就像每個人需要加強的簡報技巧也不盡相同。只有透過不斷的自我檢視和調整，簡報、表達、溝通技巧才會更精進，並發展出適合自己的風格。

所以，不必奢望健身器材能讓你一步登天，但是也別小看積少成多、聚沙成塔的威力。最重要的是在工作上追求專業、保持敬業，那些頂尖的職業運動員，也是這樣成功的。

結語
從溝通到管理，都需要簡報能力

年輕的時候剛開始接觸簡報，我認為這只是一種說話技巧。看到那些口沫橫飛、舌粲蓮花、肢體動作誇張的人，就把他們歸類為簡報高手。在那個階段，我對簡報的理解只停留在表面，也可以說是霧裡看花、似懂非懂。

接著我從坐在臺下聽簡報的人，逐漸有更多機會站在臺上做簡報，我才從不同角度去理解簡報的意義、目的是什麼。

原來單向的「老王賣瓜」根本不算是一場好簡報，能夠深入人心、雙向交流，才稱得上是有效率、有價值的簡報。

而有趣的是，要完成一場成功簡報的元素，包括：傾聽、觀察、引導、激勵、表達、回饋等，幾乎就是平常人與人溝通所需的核心技巧。

簡報力就是溝通能力，是晉升高級主管的階梯

原來我們做的不只是「簡報」，而是在進行「溝通」。看清楚這個本質之後，我認為真正的簡報能力，其實就是「溝通能力」。

至於溝通能力好的人，會在職場、商場上獲得什麼好處？他們可以化解衝突、協調資源、談判議價、領導團隊，多數的管理難題都可以得到解答。廣義來說，溝通能力不就等於「管理能力」嗎？突然間我有一種豁然開朗、見樹又見林的領悟。

從「簡報」進階到「溝通」，再提升到「管理」，原來它們都是同一件事，只是層次不同，這就是過去幾年我粗淺的體會。希望這本以簡報為出發點的拙作，能引領讀者看到溝通和管理的不同面貌，發展出更多、更有價值的能力。

本書能夠順利付梓，我要特別感謝大是文化的出版團隊。不僅僅是出版工作上的專業指導與協助，還有更多心靈上的支持鼓勵。否則在我有限的時間和能力下，根本無法讓本作品按照計畫誕生。

同時我要將此書獻給我最摯愛的家人，是他們給我無條件的支持和愛，讓我可以不斷前進和突破。

作者簡介

吳育宏

臺灣 B2B 權威、業務行銷專家，專精於營運管理、行銷策略、業務管理、專業銷售技巧。專欄文章刊登於《經濟日報》、《商業周刊》，著有《90% 高級主管出身業務，B2B 聖經》（大是文化出版）。國立政治大學國際經營管理碩士，外貿協會國際企業經營班校友及特聘講師。

現為「立本台灣聯合會計師事務所」（BDO）副總經理暨業務行銷管理顧問服務部門負責人。BDO 成立於 1963 年，總部設於比利時布魯塞爾，在全球 162 個國家或地區有 1,500 家會員事務所，員工人數超過 73,800 人，提供專業的審計、稅務、顧問諮詢服務予全球客戶。

Oscar Wu

A B2B Marketing and Sales Expert in Taiwan, specializing in operation management, marketing strategy, sales management and professional selling skills. Column articles are published on "*Economic Daily News*" and "*Business Weekly Magazine*". Personal publication includes "*B2B Sales Bible*" and so on. International Master of Business Administration (National Chengchi University) and International Business Administration Program (TAITRA).

Oscar Wu is now the Director of BDO Taiwan, in charge of Sales and Marketing Advisory Services. BDO Global was founded in 1963. Headquartered in Brussels, Belgium, it has over 73,800 staffs in 1,500 affiliate firms among 162 countries or regions all over the world. BDO provides professional assurance, tax, consulting services to global clients.

國家圖書館出版品預行編目(CIP)資料

讓 90% 大客戶都點頭的 B2B 簡報聖經：B2B 業務隨時都要能做簡報。你如何讓時間排滿滿的決策者，興趣盎然的聽完？／吳育宏著. -- 臺北市：大是文化，2018.04
240 面；17×23 公分. --（Biz；257）
ISBN 978-957-9164-13-9（平裝）

1. 業務、演講／簡報、溝通說話

494.6　　107000163

Biz 257

讓 90% 大客戶都點頭的 B2B 簡報聖經

B2B 業務隨時都要能做簡報。你如何讓時間排滿滿的決策者，興趣盎然的聽完？

作　　者／吳育宏
校對編輯／劉宗德
美術編輯／邱筑萱
主　　編／賀鈺婷
副總編輯／顏惠君
總 編 輯／吳依瑋
發 行 人／徐仲秋
會　　計／林妙燕
版權主任／林螢瑄
版權經理／郝麗珍
行銷企畫／汪家緯
業務助理／馬絮盈、林芝縈
業務經理／林裕安
總 經 理／陳絜吾

出 版 者／大是文化有限公司
臺北市衡陽路 7 號 8 樓
編輯部電話：（02）23757911
購書相關資訊請洽：（02）23757911 分機122
24小時讀者服務傳真：（02）23756999
讀者服務E-mail：haom@ms28.hinet.net
郵政劃撥帳號 19983366　戶名／大是文化有限公司

香港發行／里人文化事業有限公司　Anyone Cultural Enterprise Ltd
地址：香港新界荃灣橫龍街 78 號正好工業大廈 22 樓 A 室
22/F Block A, Jing Ho Industrial Building, 78 Wang Lung Street, Tsuen Wan, N.T., H.K.
電話：（852）24192288 傳真：（852）24191887
E-mail：anyone@biznetvigator.com

封面設計／孫永芳
內頁排版／顏麟驊
印　　刷／緯峰印刷股份有限公司

出版日期／2018 年 4 月初版
定　　價／新臺幣 340 元
ISBN　978-957-9164-13-9

大是文化

大是文化